U0248128

我的植物
科普书

方瑛 编著

企业管理出版社
ENTERPRISE MANAGEMENT PUBLISHING HOUSE

图书在版编目（CIP）数据

我的植物科普书 / 方瑛编著. -- 北京：企业管理
出版社, 2014.7
ISBN 978-7-5164-0888-9

Ⅰ.①我… Ⅱ.①方… Ⅲ.①植物—青少年读物
Ⅳ.①Q94-49

中国版本图书馆CIP数据核字(2014)第133806号

书名：我的植物科普书

作者：方瑛

责任编辑：宋可力

书号：ISBN 978-7-5164-0888-9

出版发行：企业管理出版社

地址：北京市海淀区紫竹院南路17号　邮编：100048

网址：http://www.emph.cn

电话：编辑部（010）68701408　发行部（010）68701638

电子信箱：80147@sina.com　zbs@emph.cn

印刷：北京博艺印刷包装有限公司

经销：新华书店

规格：710mm×1000mm　1/16　6 印张　98千字

版次：2014年7月第1版　2014年7月第1次印刷

定价：29.90元

目 录

1. 植物生长也需要"补钙"：水、无机盐、二氧化碳

你们知道吗

妈妈，你知道吗，孩子缺钙会对身体发育不利，植物在生长过程中缺钙也会长不好的，就像我们不可以离开蛋白质的摄取一样，它们的生长又需要哪些营养物质呢？一个孩子的成长需要从婴幼儿到儿童再到青少年，最后长大成人，那么一棵植物的长大需要经历哪些生长阶段呢？

爸爸，你知道吗，要想保持植物良好的长势或达到增产目的就需要施肥，那么，植物生长需要的几种肥料中主要的营养元素有哪些特定的功能呢？我们人体缺乏微量元素就会出现这样或那样的健康问题，那么，植物缺少微量元素会有什么样的表现呢？

爸爸妈妈，这些问题你们都知道吗？

植物如是说

植物生长需要的营养物质大致可概括为水、无机盐和二氧化碳，土壤中的水和营养元素是植物生长必需的营养物质，还要有进行光合作用必需的二氧化碳。

植物在从种子萌发——植株生长——开花——结果，这几个生长阶段无时无刻都需要营养物质。

无机盐主要是靠植物在生长过程中不断地从外界摄取各种营养元素，如碳、氢、氧、氮、磷、钾、硫、钙、镁、铁、铜、锰、锌、硼、钼等。前面的这十种元素植物需要量较多，所以被叫做大量元素；剩下的多种元素植物需要量很少，所以叫做微量元素。其中碳、氢、氧这三种元素可以从空气中的二氧化碳和土壤里的水分中获得，一般在土壤里都会供给有余。

植物生长过程

1

据研究，大量元素中的氮、磷、钾三种元素，土壤里是供给不足的，但植物生长时需求量又较大，所以，这三种元素的人工施肥在农业生产上具有较为重要的意义，我们习惯上把氮、磷、钾三种元素叫做"肥料的三要素"。

真实的例证

植物生长离不开肥料，尤其是农作物的种植。我国的农业发展已经经历了近万年，可谓历史悠久。经考古发现和研究证实，我国的农田施肥大约开始于殷商朝代，在战国时期已经非常重视并强调农田施肥了，由此可见肥料对于农作物生长的重要早已深入人心，载入史册了。

我国古代最多的是利用动物的粪便作为肥料，到战国和秦汉时开始利用蚕粪、杂草、草木灰、豆萁、河泥、骨汁等。宋朝和元朝已开始使用石灰、石膏、硫磺、食盐、卤水等无机肥料了，当时的农业书籍中已把肥料分为了六大类。清代农学家杨灿又把肥料增加到了十类，在施肥技术上还提出了"时宜、土宜和物宜"的观点，越来越趋于专业化。

在1843年，世界上的第一个化学肥料——过磷酸钙研制成功。随着智利硝石和钾盐矿的发现，再到合成氨的发明，世界上开始建立起了巨大的化肥工业。

据有关资料的记载，我国进口化肥开始于1905年，在20世纪30年代开始组织全国性肥效试验，当时称之为地力测定。测定结果表明，当时全国土壤中氮元素含量极为缺乏，磷元素含量在长江流域或长江以南的地区较为缺乏，钾元素含量在全国土壤中普遍地较为丰富。

我国在1958年和1980年先后组织过两次全国性的土壤普查，对我国的土壤类型、特性、肥力状况等进行了系统的调查测定，促进了化肥的施用和农业化学研究工作，也进一步提高了我国的农业发展水平。1998年，我国的化肥产量已经达到了2956万吨，居世界第一位。从建国到现在，化肥一直是我国的一项重要农用物资，在农业生产中发挥着举足轻重的作用，处于国家发展的战略高度。

植物的故事

大家还记得，在《西游记》里有一棵神奇的果树吗？它叫"人参果树"，传说它是由天地生成的灵根，生长在万寿山五庄观内，为镇元大仙所有。该树三千年一开花，三千年一结果，再三千年才能够成熟，而且一万年才结得三十个人参果。有缘人，闻一闻，就能活三百六十岁；吃一个，就能活四万七千年。结出的果子遇金而落，遇木而枯，遇水而化，遇火而焦，遇土而入。敲时必须用金器才能够下来。当然，这只是传说，谁也没见过、没吃过，也许只是作者的编撰而已。

在《西游记》中，唐僧师徒路过五庄观，猴急的孙悟空在一怒之下推倒了人参果树，这可气坏了镇元大仙，他施展了法术将唐僧师徒擒住，连神通广大的孙悟空也没有了办法，只好到多方神仙菩萨那里去求助，最后请的观音菩萨用玉净瓶中的神奇甘露才救活了人参果树。

人参果树

如果让你思考，现代的什么药剂会和观音菩萨当时用的"神奇甘露"相似呢？

猜对了，就是植物生长调节剂。

植物生长调节剂被定义为人工合成的对植物的生长发育有调节作用的化学物质，可见，植物生长调节剂对植物的生长是既有促进也有抑制作用。它是有机合成、微量分析、植物生理和生物化学以及现代农林园艺栽培等多种科学技术综合发展的产物。

科学观察

"肥料的三要素"对植物生长的作用：

氮元素是植物体内蛋白质、核酸以及叶绿素的重要组成部分，而且也是植物体内多种酶的组成部分。如果没有氮元素，就不会有蛋白质，也就没有生命。氮元素也是植物体内叶绿素的组成部分，充足的氮元素会促进绿色植物光合作用的进行。

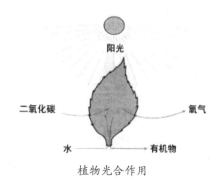

植物光合作用

磷元素是植物体内许多重要有机化合物的组成成分之一，并以多种方式参与到植物体内的生理、生化过程中，对植物的生长发育和新陈代谢都起着重要作用。充足的磷元素，能够加速细胞的分裂和增殖，促进植物的生长发育，并有利于保持优良品种的遗传特性。特别是在作物的生育早期，充足的磷元素对促进作物的生长发育和早熟、优质高产都至关重要。

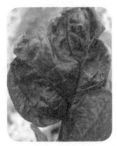

钾元素对植物的生长发育也有着重要的作用，在适量的钾元素存在时，植物的酶才能充分发挥它的活性，促进植物的光合作用和新陈代谢。同时，钾元素还能够促进植物有效地利用土壤中的水分并提高植物的抗性。

植物生长缺少某些微量元素的具体表现：

缺钙：植物缺钙的症状首先表现在新叶上，较为典型的症状是幼嫩叶片的叶尖和叶缘坏死，叶芽坏死，根尖也会停

植物缺钙

止生长、变色和死亡，而且植株矮小，有一些暗色的皱叶。

缺镁：植物缺镁的症状通常发生在老叶上，较为典型的症状为叶脉间缺绿，有时会出现红、橙等较为鲜艳的色泽，严重时出现小面积坏死。

缺硫：植物缺硫的症状通常是从幼苗开始，症状表现为叶片的均匀缺绿和变黄、生长受到抑制等。

缺铁：植物缺铁的症状首先表现在幼叶上，典型症状是叶脉间产生明显的缺绿症状，严重时会变为灼烧状。

植物缺铁

缺锌：植物缺锌的典型症状是节间生长受到抑制，叶片严重畸形，而且老叶缺绿也是缺锌的常见症状。

2. 植物不怕太阳晒的秘密

你们知道吗

妈妈，你知道吗，夏天为了抵御太阳的暴晒，我们需要抹上防晒霜撑着太阳伞，但为什么大多绿色植物却不怕晒呢？在绿色植物出现以前，地球上的大气中是没有氧的，那绿色植物是怎样来制造氧气的呢？

爸爸，你知道吗，臭氧对地球生物的保护作用已广为人知——它能够吸收太阳释放出来的绝大部分紫外线，使动植物免遭这种射线的危害，那它最初是怎样形成的呢？二氧化碳被认为是产生温室效应的罪魁祸首，但没有了二氧化碳，我们人类和动植物还能够生存吗？向日葵可谓是太阳的忠实粉丝，那您知道关于它的传奇故事吗？

爸爸妈妈，这些问题你们都知道吗？

植物如是说

在12亿～30亿年以前，绿色植物在地球上出现并繁衍一段时间之后，地球的大气中才逐渐地含有氧，从而使地球上其他进行有氧呼吸的生物得以生存和发展。

绿色植物通过光合作用可以产生氧气，并且制造出有机物，是植物在可见光（主要是太阳光）的照射下，经过光反应和碳反应，将二氧化碳和水转化为有机物，并且释放出氧气的过程。它是一系列复杂的代谢反应的总和，是生物界赖以生存的基础，也是地球碳氧循环的重要媒介。

二氧化碳作为绿色植物光合作用的原料，它的浓度高低直接影响了光合作用中碳反应的进行，在一定范围内增加它的浓度就能提高光合作用反应的速率，从而产生和释放更多的氧气到大气中。

光合作用是在绿色植物的叶绿体中进行的，所以，叶绿体被认为是阳光传递生命的媒介。

真实的例证

1771年，英国的科学家普里斯特利通过实验得出了结论：植物能够更新由于蜡烛燃烧或动物呼吸而变得污浊了的空气，但他并没有意识到光在实验中扮演的重要角色。

1779年，荷兰的英格豪斯证明：植物体只有绿叶才可以更新空气，并且在阳光照射下才能成功。

1785年，随着空气组成成分的发现，人们才明确绿叶在光下放出的气体是氧气，吸收的是二氧化碳。

1845年，德国科学家梅耶根据能量转化与守恒定律明确指出，植物在进行光合作用时，把光能转换成化学能储存起来。由此可见，植物是可以积极地利用阳光的，所以，它们绝大多数不怕晒。

1880年，美国的恩格尔曼发现叶绿体是进行光合作用的场所，氧是由叶绿体释放出来的。他通过利用低等绿色植物水绵进行实验，发现并证明了氧气是从叶绿体中释放出来的，叶绿体是绿色植物进行光合作用的场所。

在1897年时，"光合作用"这个名称才首次被写入教科书中，并一直沿用至今。

经过现代科技的发展和科学家们的多方位多层次的实验，植物"不怕太阳晒"的秘密被越来越多的人了解和熟知。

植物的故事

向日葵和其他植物一样也需要进行光合作用，最让人感到惊奇的是，为什么向日葵从早上到傍晚整天地凝望着太阳呢？里面当然有它的科学道理，但在这里，我要给大家讲的是一个和此相关的传奇故事。

传说在很久以前，在一个王国里有一位漂亮善良的公主，她被养在皇宫里，整天唯一的乐趣就是欣赏太阳，从来不在意会被晒黑。

公主慢慢地长大成人了，俗话说"男大当婚，女大当嫁"。女儿大了，国王便开始为公主尽心地挑选王子，公主在父王的压力下，无奈地答应去相亲，王子们都很优秀，可是因为他们都忍受不了公主欣赏太阳的专注，因此，总是冷落了他们，只好选择了离开。国王很生气，一次又一次地训斥着公主，但公主仍然一如既往，于是，国王在一气之下将公主逐出了皇宫。

公主在离开皇宫后，日复一日地穿越着森林，跨越着高山，执著地追逐着太阳的行迹，她经过千辛万苦终于到达了一座充满神奇色彩的"黑山"，遇到了一位老太太。公主经过和这位老太太交谈之后才知道，原来这位老太太就是太阳的母亲。

太阳的母亲听说了这位执著专一的女孩的故事很是感动，于是就答应要帮助她，让太阳娶她为妻，后来，公主和太阳成了亲。

很久以后，老太太偶然看见公主在忧伤地独自垂泪，于是就问公主是怎么回事，公主说结婚这么久了，她都没有见过自己丈夫的真面目，所以感到悲伤。老太太听后非常理解，也很心疼公主，就答应告诉公主一个可以看见太阳真正容貌的方法，但前提是公主必须答应她一个条件：每天中午12点可以看金水杯里太阳的倒影，但看的时间不能超过15分钟，否则就会被太阳发现。太阳的脾气既倔强又暴躁，发起火来连他的母亲也没有办法压住。

公主听后非常高兴，爽快地答应了，更令她高兴的是她看到丈夫长得很俊俏、秀气。但是，由于她太过于专注和痴迷，所以，忘记了约定的时间，最终被太阳发现了。太阳感到非常生气，告诉公主以后再也不想见到她了，还将她赶出了家门。公主一直追着往东走的太阳，希望能够得到他的原谅，直到很累了也不肯放弃。太阳看她如此执著，就把她变成了一棵向日葵，太阳到了哪儿，向日葵的脸就转向哪儿。或许，这就是我们现在看到的向日葵从早上到傍晚整天地凝望着太阳的原因吧。

科学观察

大气层

原始大气中是没有氧的，臭氧是氧的一种，当时自然也没有臭氧，后来随着地球上绿色植物的增多，大气中才形成了大量的氧。

大气层中的臭氧是在大气层中自然形成的，其形成机理是：

高层大气中的氧气受到太阳光的紫外线辐射，变成了游离的氧原子，其中一些游离的氧原子又和氧气结合就生成了臭氧，在大气中 90% 的臭氧是通过这种方式形成的。但是，臭氧分子是不稳定分子，来自太阳的紫外线辐射既能生成臭氧，也可以使臭氧分解产生氧气分子和游离的氧原子，所以，大气中臭氧的浓度主要取决于其生成与分解速度的动态平衡。

臭氧有吸收太阳紫外线辐射的特性，臭氧层会保护我们不受到阳光紫外线的伤害，所以，对地球生物来说是极为重要的保护层。但在南极上空出现的臭氧空洞说明，人类生产生活中向大气中排放的氟氯烃等化学物质，已经严重地影响到了人类自身和其他生物的生存。

南极臭氧空洞

虽然减少或禁止含氟利昂产品的使用，可以从源头上缓解臭氧空洞的产生，但植树造林也可以起到很大的缓解作用，因为地球上的植物尤其是绿色植物远远没有达到理想的数量，绿色植物的光合作用会产生氧气，大气层中氧气浓度的增加会进而增加氧原子的数量，在一定的范围内就会提高臭氧的正负反应速率，最终达到平衡，增加了臭氧的浓度和含量，从而达到缓解臭氧空洞的作用。

3. 植物繁殖的秘密：虫为媒、风为媒、水为媒、鸟为媒、人为媒

你们知道吗

妈妈，你知道吗，昆虫可以为植物开出的花朵授粉，但这只是其中的一部分，你知道植物的授粉方式主要分为哪几种类型吗？蜜蜂和鸟类这些授粉者消失后，会造成多么严重的后果呢？

爸爸，你知道吗，经过时间的考验，许多花朵进化出了一些特性来适应特定的授粉者，而且有些植物还形成了富有灵性般的授粉机制，你想不想了解这种神奇的植物呢？你去过热带丛林吗？你知道热带丛林里的植物是以什么传粉方式为主吗？

爸爸妈妈，这些问题你们都知道吗？

植物如是说

授粉是指花粉的传递过程，也是保证被子植物能够结成果实必需的一个过程。花朵中的那些黄色粉末就是花粉。根据植物不同的授粉对象，可以分为自花授粉和异花授粉两种类型：

自花传粉是指植物成熟的花粉传到同一朵花的柱头上，并且能够正常地受精结果的过程，在生产上，也常把同株异花和同种异株间的传粉现象认为是一种自花传粉。生物上，通常把能进行自花传粉的植物称为自花传粉植物。

异花传粉是指一般情况下，同一朵花的雌蕊和雄蕊不会一起成熟，雄蕊成熟稍晚，雌蕊接受的花粉是另一朵花成熟的花粉，这种现象就是异花传粉。

根据植物不同的授粉方式，可以分为自然授粉和人工辅助授粉两种类型：

自然授粉的方式又可以分为虫媒、风媒、水媒、鸟媒等多种类型。

人工辅助授粉简称为人工授粉，农业生产上常采用人工授粉的方法来保证或超越预期的产量。

虫媒

真实的例证

由于生态环境的破坏、气候的变化、人类活动范围的增大、外来物种的侵入和疾病的威胁等因素，蜜蜂和鸟类的数量正在全球范围内迅速缩减，它们的减少将直接威胁着整个生态系统的平衡和我们人类自身的生存。

伟大的科学家爱因斯坦曾经预言——如果蜜蜂从地球上消失，那人类只能再活4年。

爱因斯坦的预言在我们很多人看来可能有些夸张，但不可否认的是蜜蜂在这个世界上拥有着极高的地位，因为蜜蜂是为植物授粉的一支强大的生力军。世界上，有数万种植物的繁衍需要依靠蜜蜂来授粉，而且我们所种植的1000多种农作物离不开蜜蜂。另外根据调查，全球有100种的主要庄稼作物支撑着全世界90%的食物供应，而在这100种庄稼作物中有70种是要依靠蜜蜂来授粉的。现在已经有证据显示大约有20000种作为蜜蜂食物来源的开花植物的数量正在下降，情况不容乐观。

如果蜜蜂消失了，我们可能就不需要考虑今天或明天该吃什么了，因为剩下的粮食和蔬菜瓜果的种类已经屈指可数了，由不得我们根据喜好再去挑剔了，而且随后等待我们的就是整个生态系统的崩溃和我们的消亡。

鸟类的灭绝会直接影响到我们人类的生产、生活和大自然的生态平衡。之后，许多动物会灭绝，严重的虫灾也会爆发得非常频繁，造成生物圈的大动荡，最终后果也可想而知。

植物的故事

昆虫为植物授粉

昆虫为植物授粉会多多少少得到一些报酬，花蜜应该是最常见的一种报酬，而且花粉本身也具有很高的营养价值，昆虫们眼见能得到这么多报酬，心想不就是帮忙授粉吗，何乐而不为呢！

其实，很多植物的花朵早已经进化出了一些特性来适应那些特定的授粉者。例如，植物可以通过花香在夜间吸引一些昆虫来为它们授粉是比较常见的一种特性，还有些花朵需要在嗡嗡的叫声中授粉，通过超声波振动来释放花粉。

有一种兰花进化形成的授粉机制让人觉得非常富有灵性。这种兰花的花朵非常复杂，叫做头盔兰。它们会依附在树枝上，根茎有选择性地深植到一个蚁穴之中，这个蚁穴除了保护它之外还能为它提供一些必需的营养物质。但是，它的授粉者并不是蚂蚁，而是一种小巧漂亮的兰花蜜蜂，目前这种蜜蜂是头盔兰的唯一授粉者。清晨时，头盔兰盛开，花朵散发出一股诱惑娇小的雄性兰花蜜蜂的香气，终于，小蜜蜂抵挡不住诱惑，流着口水飞来了。下面要告诉你的真相可能会令你惊奇不已，因为这些雄性小蜜蜂飞来的目的可不是为了吃，可以这样说，它们不是因为"馋"而流口水，而是因为"色"而流口水，因为它们是为了从头盔兰提供的报酬中赢得繁衍后代的机会。它们会用特别改良的前腿从头盔兰中刮下来一种蜡质物质，从而能够产生一股香味，这股香味说白了就像是一种春药，可以用来吸引并激起雌性蜜蜂的性欲，你现在知道这些雄性小蜜蜂有多"坏"和自私了吧。

事实上，头盔兰也是自私的，它们和雄性小蜜蜂之间是相互利用的关系。当小蜜蜂进入头盔兰的花朵里刮擦蜡质物质正起劲的时候，兰花突然就合上了。这可把蜜蜂逼上了死路，但奇怪的是头盔兰并不想杀死蜜蜂，反而着手帮助蜜蜂逃脱。那么，头盔兰是怎样帮助蜜蜂逃脱的呢？

当这只蜜蜂快要被淹死的时候，它会在头盔兰的花朵上突然发现了一个透着光亮的小逃离隧道，而且花朵里还出现了一个精心安置的台阶。明确地说，这是一个陷阱。蜜蜂长出一口气，在看似畅通无阻的隧道里撒欢地往外飞，可飞着飞着不知道是谁紧紧地搂住了自己的小腰，动弹不得，原来是隧道的上部和下部闭合了起来，就像包裹一块儿糖果一样把蜜蜂紧紧地包裹在了中间。就在这个时候，头盔兰开始施展它的小邪恶了，它会花费大约十分钟的时间将两粒黄色花粉囊粘到蜜蜂的背上。等到一切工作完成时，头盔兰才会放开那只惨遭蹂躏和戏弄并且被强迫成为红娘的小蜜蜂。当这朵头盔兰等到一只蜜蜂携带着另一朵兰花的花粉到来时，它就会引诱这只蜜蜂进入自己精心布置好的陷阱里，再用一种特殊的装置把花粉从蜜蜂的背上毫不留情地夺过来。

热带丛林中的传粉方式主要是虫媒授粉，因为热带丛林中的枝叶较密，风力较小，适宜虫媒花的生长。因为有些鸟类、蝙蝠和一些草食性小哺乳动物把花粉和花蜜当作主要食物，所以，它们也不可避免地充当了传粉者的角色。

经常成为花粉携带者的主要是那些体积如蜂、蝶类的小鸟，如蜂鸟、太阳鸟等，它们在偷吃花蜜或花粉时，头部和身体的羽毛上会常常粘满花粉。由于它们的喙特别长，舌头长得也很特别，而且本身又非常灵活，所以，利于插入花中吸取花蜜和获得花粉。

经过鸟媒传粉的常见植物还有很多，通常鸟媒传粉的花大而健壮。另外，鸟媒花的颜色通常也比较鲜艳，这些特点都是为了有利于自身通过鸟来传粉。

由此可见，花的"媒人"确实很多，不同种类的花会有一个乃至多个传粉媒介，但无论是风媒、水媒，还是鸟媒、虫媒等，它们的传粉活动都是出自本性和无意识的。

4. 树的年龄：年轮

你们知道吗

妈妈，你知道吗，你可能见到大多被锯下的树木横断面上都有年轮，但你有没有仔细地观察过那一圈圈的年轮，为什么有的颜色深浅不一、软硬不同呢？你知道可以从年轮中获得哪些信息吗？影响年轮粗细的原因又有哪些呢？

不同的年轮

爸爸，你知道吗，古代的木匠们其实早就通过伐树发现了年轮，但他们可能只是凑个热闹，并不知道里面蕴含着哪些有用的信息。树木的年轮在气象学、历史学、医学等方面都有哪些可利用的价值呢？

爸爸妈妈，这些问题你们都知道吗？

年轮

你仔细看过锯倒的树木，就会发现在树墩的横断面上有一圈圈大大小小、色泽不一的同心环纹——年轮。一般情况下，春天木材形成的环纹显得颜色淡，质地松软。到了秋天，木材形成的环纹颜色深，质地致密而坚硬。这样经过每年的不断变化，就渐渐形成了色泽和质地不同的一圈圈环纹——年轮。

一个年轮代表着树木经历的所生长环境的一个周期的变化，所以，通过年轮也就可以了解树木在某一年中生长的情况。根据年轮的数目，虽然不能具体知道树木的年龄，但可以推知树木的近似年龄。通过年轮的宽窄，还可以了解树木当年的生长情况以及树木与当地环境气候的关系。在良好的气候条件下，树木生长得好，年轮也就较宽；反之，年轮就越窄。

通过对年轮变化的研究和对它所在地区气候的了解，对制定造林规划等方面及制定超长期气象预报，都有很好的指导意义。

真实的例证

我们可以从年轮的数目、疏密程度和颜色深浅等方面，获取到以下信息：

第一个就是树龄，一般情况下，年轮圈数越多，树木的年龄就越大；二是能够了解到当地生长环境，在环境条件比较好的情况下，树木的生长就比较快，形成的年轮的颜色较浅和疏松；第三个是可以了解到树木当年受环境因素的影响情况，年轮越窄，说明当年的环境较为恶劣，年轮越宽，说明当年的环境条件比较好。

树干朝南一面受阳光照射较多，形成层原始细胞分裂也较迅速，径向生长加快，结果茎干南面的年轮也较宽。而在茎干背阴朝北的一面，年轮则明显狭窄。

概况来说，影响年轮的因素分为内因和外因两种：

在树木年轮的形成过程中，内因主要是指植物体内产生的生长素的多少，对年轮的形成起着至关重要的作用，但在许多散孔材树种中，在树芽萌发之前是不产生生长素的，只有在芽萌发后才产生生长素。另外，树木体内产生的赤霉素和细胞分裂素等内源激素，对于形成层原始细胞的分裂、分化和木质部分子细胞壁的加厚等都有密切关系。

柏树

除了内源激素以外，树木在光合作用中产生的碳水化合物也是影响年轮形成的因素之一。

在影响年轮形成的外因中，有温度、湿度、光照及营养元素的供应等因素，例如，在松柏类的植物中，木材管胞直径的变化往往与接受光照的长短有关，当然也和气温的高低有着直接的关系。

众所周知，生长在温带地区的木本植物中，茎干基部年轮的数目往往是测定一棵树木的年龄依据。年轮的宽窄除了能够反映树木的生长速度和木材的优劣，还是衡量外界环境变化的重要指标。例如，在温暖和湿润的气候条件下，树木的生长迅速，形成的年轮也较宽；相反，在寒冷和干旱条件下，树木的生长缓慢，形成的年轮就较窄。

树木年轮的宽窄程度真实地记载从生长起，每年的气候和环境状况，所以，通过年轮的分析，可以获得几百年甚至上千年的气候演变规律，这些信息对于预测未来气候的变迁，制定超长期气象预报等具有较高的利用价值。

树木年轮的宽窄还受到太阳黑子的周期活动影响，这是因为在太阳黑子增多时，活动剧烈的太阳散发出的光和热也较多，从而大大促进了树木的生长速度，树木的年轮也会增宽。科学家通过研究和分析树木年轮后得出，太阳黑子活动的平均周期大约为11年。

植物的故事

古代的木匠早就发现了年轮，他们将一个年轮区分为春材和秋材两块儿，而且知道利用年轮的纹理作为一种装饰家居的元素。

亚里士多德的好朋友就曾经提到过年轮，但并未作深入研究，直到达·芬奇时才第一次提出年轮应该是每年增加一圈的。春天和夏天这段时间，树木形成的年轮较宽，木质疏松而且颜色较浅，这段时期形成的年轮就叫做春材或早期木；秋天和冬天这段时间，树木形成的年轮较窄，木质紧密而且颜色较深，这段时期形成的年轮就叫做秋材或后期木。所以，树木的年轮并不是指一圈，而是由同年的春材和秋材的两圈构成的。另外，这种区别明显的年轮在针叶树中是最常见的，但在大多数温带落叶树中并不明显，甚至许多热带树木根本就没有年轮。

科学观察

有年轮的植物大都是多年生的木本植物，它们的树干能够不断加粗的原因是茎中有形成层，形成层能够不断向内分裂产生木质部，向外分裂产生韧皮部，这样就使得木本植物的茎能够逐年地加粗。在众多影响形成层分裂的外界因素中，最重要的是温度和营养物质这两个因素。

由于热带的全年气温变化并不大，所以，那里的树木一般不会形成年轮，有年轮的树木多生长在温带和寒带。

树木的年轮中蕴含着大量的气候、环境、医学等方面有价值的信息。同时，在历史学、森林研究、地震预测等方面也起着非常重要的作用。

气象学上，主要是通过年轮的宽窄来了解当地各年的气候状况，利用年轮上的信息可推测出几千年来的气候变迁情况。如果某地气候优劣有过周期性变化，那么在年轮上也会出现相应的宽窄周期性变化。例如，美国科学家通过对年轮的研究后发现美国西部草原每隔11年会发生一次干旱，并且在后来得到了准确地验证。

在环境科学上，年轮可以帮助人们了解污染的历史。例如，德国科学家就利用光谱法对国内三个环境污染地区的树木年轮进行了研究，并且掌握了100多年来这三个地区的铅、锰、锌等金属元素的污染情况，经过环境学家的进一步研究，终于找到了这三个地区环境污染的主要原因。

在医学上，年轮对研究地方病的成因有很大的利用价值。例如，在北方一些克山病发病的地区，如果当年的树木年轮中铂含量相对于正常年份低的话，那么，当地克山病的发病率就会较高。

历史学上常用年轮推算某些历史事件发生的具体年代。通过研究大海中沉船的木质花纹（年轮），就可以推断这艘船的造船树种或建造的年代。

在森林资源的调查中，根据年轮的宽窄可以了解树木过去几年或几十年的生长状况，也可以通过年轮的分布规律，预测树木未来的生长动态，为制订林业规划和确定合理采伐数量等提供了科学依据。

美国的科学家已经开始利用年轮来进行地震的研究。他们认为，地震造成地面的移动痕迹会在年轮上留下树干在地震后为保证笔直生长所做出努力的痕迹。据此可以了解当时地震的时间和强度，并能展现地震周期，从而可以为预测地震提供参考价值。

树木的年轮研究，在以前是将整棵树木伐倒之后，再通过横截断面进行观察和研究的，但现在不用了，因为发明了一种专用的年轮钻具，这种器具可以

花种子

从树皮直接钻入树心，然后取出一个树木薄片，上面就包含了树木生长的所有年轮，既简单又方便，还保护了树木。

5. 我能顶开大石头，我是植物的种子

你们知道吗

妈妈，你知道吗，种子萌发的力量有多大呢？看一看从石头细小的夹缝中悠然生存的小草你就知道了。种子萌发的力量和种子的形状有多大关系呢？有没有能用来专门证明种子萌发力量强大的科学实验呢？

爸爸，你知道吗，有一个"皇帝和花种子"的故事，告诉人们要讲诚信，那它和种子的萌发有什么关系呢？种子萌发顶开大石头的过程可以分为哪几个阶段呢？

爸爸妈妈，这些问题你们都知道吗？

植物如是说

可不是每种植物都有种子，种子是裸子植物和被子植物特有的繁殖体，它们的大小和形状都不相同。有人认为世界上力量最大的是大象、鳄鱼等，但往往忽略植物的力量，事实上，种子萌发产生的力量是不可估量的。

长圆形种子

完整种子的萌发，除了需要解除休眠状态以外，也需要适宜的环境条件，包括充足的水分、适宜的温度和足够的氧气等因素。

有人可能会问了，除了满足上述萌发的条件以外，种子的萌发和种子的形状有多大关系呢？

世界上，种子的形状确实非常多，有圆形、长圆形、椭圆形、扁圆形、橄

榄形、水滴形、肾脏形、不规则型等多种形状，但它们的构成形态几乎是相同的，除了种子自身的活力和外界条件以外，还没有证据表明，哪种形状的种子萌发力最强或最弱，这些都有待于植物学家通过科学的论证和实验得出。

真实的例证

种子萌发的力量会超乎你的想象：

几百年前，生理学家和解剖学家用尽手头所有的工具，使了很多方法想要把人类的头盖骨完整地分开，结果都失败了，因为人类的头盖骨结合得非常坚固紧密，想把它完整地分开哪有那么容易啊。后来，是植物学家为他们找到了一种非常好的解决办法，就是把一些植物的种子放在要完整分开的头盖骨里，在适当的温度和湿度条件下让种子萌发。果然，没过几天头盖骨里的种子就萌发了，而且非常旺盛，这些萌发的种子轻松地将使生理学家和解剖学家头疼不已的头盖骨完整地分开了。

大豆

除了这个真实事件外，还有一个在海上发生沉船事故的例子，萌发的种子恰恰是那场事故的罪魁祸首。一艘远洋货轮载着满船的货物，正在和平常一样驶向目的地，突然，船身开始出现断裂，船长和船员们都不知道是怎么回事，没过多久，这艘货轮就和泰坦尼克号一样沉入了大海的深处，损失惨重。后来人们经过仔细的调查发现，是因为这艘大轮船的船舱里渗入了海水，船舱内装着的很多大豆受水膨胀，有的已经开始萌发，最后把货轮的船壳胀裂，才发生了这样的悲惨事故。所以，人不得不敬佩种子萌发的巨大力量，换句话说，它们连坚硬的钢铁都不怕，还怕一块压在身上的大石头吗？

植物的故事

皇帝和花种子的故事，我们在小学的课本里也学到过，我们现在就再来和大家重温一下，兴许会再让你受益良多。

很久以前，一座城堡里有一个上了年纪的国王，因为他非常贤明开化，所以受到人民的爱戴。非常可惜的是，这个年迈的国王患上了不育症，所以，至今还没有一个孩子。他觉得自己治理国家已经变得力不从心了，必须要尽快找一个继承人来继承他的王位才行，可自己又没有孩子，到底该怎样在自己的子民中选择一个合适的继承人呢，这个问题使他很伤脑筋。终于有一天，他想出了一个办法，他命令手下将相同的一些花种子发给城里的孩子们，而且每人只有一粒，并郑重地说："如果这些孩子中谁能用这粒种子培育出最美丽的花朵，那么，这个孩子就是我的继承人。"国王说完，就由侍从们搀扶着回宫休息了。

到了国王要观花的那天了，孩子们手中端着的花盆里长着各式各样的漂亮花朵，高兴地等待着国王的欣赏，其中只有一位孩子的种子没有萌发，但他仍然端着空花盆等待国王的检查，最后他就是那位国王的继承人。

原来，国王给每个孩子的种子都是熟的，熟的种子就是辛勤栽植上一万年也不会萌发的，而且那些花种子都是一个花种，怎么可能长出不同类的花来呢？

那位端着空花盆的孩子的诚实感动了国王，国王最终将自己的王位安心地交给了他。

科学观察

在适宜的条件下，有生命力的种子萌发可分为五个主要阶段：

第一个过程是吸胀，这是一个物理过程。种子的吸胀开始时吸水较快，这是种子的萌发开始；

第二个过程是水合酶的活化，这个阶段也代表了种子吸胀过程的结束，这时植物的各种酶开始活化，它们的呼吸和代谢作用也会急剧增强；

第三个过程是种子细胞的分裂和增大，这时种子内贮存的营养物质就开始大量消耗了；

第四个过程是种子的胚突破种皮，种子在这时会长出胚芽；

第五个过程才是种子长成幼苗。

植物在种子萌发的这五个过程中产生的力量是最大的。

花蕊

6. 花蕊的故事

　　妈妈，你知道吗，植物也是分雌雄的，那么，它们的雌蕊和雄蕊是长在不同的花朵里面吗？我们可能知道花蕊是花朵的重要组成部分，但你知道怎样区分雌蕊和雄蕊吗？

　　爸爸，你知道吗，我们是不应该随意拨弄植物的花蕊的。否则，我们可能会因此失去一个香喷喷的果实，这是为什么呢？有一种石头叫做"花蕊石"，那么，它和花蕊又有什么关联呢？

　　爸爸妈妈，这些问题你们都知道吗？

植物如是说

被子植物

花蕊是花的重要组成部分，分为雌蕊和雄蕊。

大多数被子植物的雌蕊和雄蕊会着生在同一朵花里面，这类植物被称为雌雄同花植物；在一些植物中，雌蕊和雄蕊会分别着生在不同的花朵里面，但花朵仍长在同一植株上，这类植物被称为雌雄同株异花植物，花朵也分别长在不同植株上的，被称为雌雄异株异花植物；此外还有许多中间类型，有的在同一植株上既有雌蕊又有雄蕊，而且同在一朵花中的两性花，又有仅有雌蕊或者雄蕊的单性花。在一朵花中的全部雌蕊总称雌蕊群，全部雄蕊总称雄蕊群。

真实的例证

　　有两位同村的果农，一位姓马，一位姓张，他们在同一条马路两旁各有一片果园，而且果园里都种植着苹果树。

　　这几年，在收获的季节，姓马的果农的收成总是会比姓张的果农的收成差很多，姓马的果农心里憋着一口气：心想，面积同样大小而且又靠得这么近的果园，收成怎么会差那么多呢，我一定要弄明白到底是怎么回事。

苹果树

原来，是因为姓张的果农更倾向于施用农家肥，化肥使用的并不多，而且浇灌合理，及时处理病虫害，在种植的管理上比较用心，姓马的果农在这方面就稍微差点儿。

姓马的果农当然很不服气了，从此就非常精心地种植着他的果园，而且还特意去学习了如何给花朵"人工授粉"，所以，到最后树上硕果累累，远超姓张的果农的水果产量。

姓马的果农回忆：在第一次给果树上的花朵人工授粉时，还不太熟练，偶尔会碰掉一些花朵或碰坏一部分花蕊，因而遭到姓张的果农的嘲笑，但最后水果的产量还是超出了自己的预期，因而人工授粉给了自己很大的信心。

姓张的果农说，以前他并不认为人工授粉有多重要，反而觉得这样有很大的几率会碰掉花朵或损伤花蕊，导致这朵雌花或两性花无法结果，从而减少产量，但是最后证明他错了。

植物的故事

花蕊石

花蕊石是一味常用的止血药，既然被叫做花蕊石，那么肯定是和花蕊有关了，在这里要和大家讲的确实是与此相关的一段传奇故事。

传说在南宋时期，当时皇宫内有位漂亮的小公主，刚满14岁。一天，她却突然患起病来，整天饭也吃不下，觉也睡不好，水也比以前喝的少了。最后变得面黄肌瘦，没有了精神。皇帝看到那个以前活泼开朗的女儿现在变成了这样，很是心疼。于是，就请了宫中所有的御医来为她诊治，但都不见起色。皇帝无奈，只好张榜招医，榜上写明，谁能治好小公主的病，将有重赏。时间一天天过去，皇宫里倒是来了不少医生，但个个都是垂头丧气地离开，好像公主真是得了什么绝症一样，要不久于人世。

就在这个看似毫无希望的情况下，皇宫里又来了一位穿着朴素而且衣服上还打着少许补丁的郎中，要求给小公主看病。太监看他的穿着，本不想领他去给公主看病的，但在这个紧要关头，没有办法，只好领着他来到公主的寝宫外面。这位郎中看到寝宫内外花团锦簇，令人陶醉的花香扑鼻而来。

郎中通过红绳给公主诊脉后对皇上郑重地说："公主是有孕在身。"皇上听后立刻愤怒地说道："胡说八道！公主还没有婚配，而且一直待在宫中，怎么能怀孕？"郎中镇定地回答道："小公主怀的不是人孕肉胎，而是花孕石胎。"皇帝不解，便问道："花孕石胎到底是什么，又为什么会这样呢？"郎中回答道："公主长在深宫，非常喜爱鲜花，她经常会在花丛中走动嬉戏，时间一长就被花之精气聚胎，名为花蕊石。"皇帝听后觉得也有道理，就让他开药治疗。果然公主在服药后不到一顿饭工夫就生下一个石头怪胎，而且花香扑鼻，晶莹剔透。不久公主的病体就完全康复了。皇帝很是高兴，要报答郎中治好了公主的奇病，郎中最后提出让皇帝将那块花蕊石赏给他，皇帝应允了。郎中带走了那块花蕊石，以后凡是遇到出血的病症，只要服用花蕊石就能立刻止住。

花蕊石又名花乳石，是变质类岩石又含蛇纹石大理岩的石块，还是一味既能收敛止血，又能活血化淤的中药。

雌蕊是花的雌性生殖器官，位于花的中央。一个典型的雌蕊是由柱头、花柱、子房三部分组成的。在雌蕊花柱的柱头上往往具有乳状突起，而且能够分泌粘液，目的是使花粉容易被吸附和固定，其数量比雄蕊少得多，通常一朵花中只有一个雌蕊。

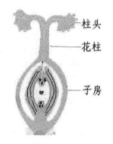

雌蕊结构图

雄蕊是花的雄性生殖器官，位于花被的内方。雄蕊的花丝一般呈丝状向外生长，主要是起着支撑花药向外伸展的作用。花药中的花粉囊里面有许多花粉，这些花粉类似于人类的精子。花粉囊会在花粉成熟后自然裂开，然后放出花粉。雄蕊往往会环绕着雌蕊生长，数量比雌蕊要多很多。

7. 我也会呼吸：苹果的自白

妈妈，你知道吗，植物和我们人类一样，也是会呼吸的哦，那它们是以什么形式进行呼吸作用的呢？没有了氧气，我们人体还可以进行呼吸作用吗，那植物们呢？

爸爸，你知道吗，我们人类进行呼吸作用是为了生存，那植物进行呼吸作用也是为了生存吗？苹果可以说是我们最常见和最常吃到的水果了，但把它们放的时间久了就会有酒味，是因为它们身体里产生了酒精吗？苹果可以用来酿造果酒，那么，酿造果酒是利用了它们的呼吸作用吗？

爸爸妈妈，这些问题你们都知道吗？

植物如是说

植物的呼吸作用是植物体内的有机物在细胞内经过一系列的氧化分解，最终生成二氧化碳或其他产物，并且释放出能量的总过程，它是一种酶促氧化反应，又可以称为细胞呼吸。

呼吸作用是所有的动物和植物都具有的一项生命活动，而生物的生命活动都需要消耗能量，那么，这些能量要从哪里来呢？这些能量主要来自生物体内的糖类、脂类和蛋白质等有机物进行的氧化分解活动，这种活动对生物维持生命产生的意义非常大。

植物的呼吸分为有氧呼吸和无氧呼吸，但主要形式还是有氧呼吸。

有氧呼吸指的是动植物细胞在氧气的参与下，把大多有机物彻底氧化分解产生二氧化碳和水，同时释放出大量能量的过程。

无氧呼吸指的是动植物细胞在无氧的条件下，通过酶的催化把葡萄糖等有机物分解成不彻底的氧化产物，同时释放出少量能量的过程。

人类细胞也可以进行无氧呼吸。

真实的例证

苹果

我们都知道苹果储藏久了会有一股酒精味，甚至腐烂变质，那么，这和它的呼吸作用有什么关系吗？

苹果是呼吸活跃的一种水果，而且淀粉含量比较高，能转换成糖。在储存过程中，它们为了适应缺氧的环境可以进行无氧呼吸，将体内的葡萄糖分解为酒精和二氧化碳，而且会释放出少量的能量。

苹果中的酚类物质是维持其呼吸作用的根本。削完皮的苹果，在表面细胞中的酚类物质会在酚酶的作用下，被空气氧化产生大量的醌类物质。这些醌类物质会使植物细胞产生酶促褐变反应，迅速地变成褐色，影响了苹果的外观，也降低了外层的营养成分，但还可以吃。所以，苹果在削皮后不要放置太长时间，否则会使苹果果肉松散、变味，甚至腐烂，到时就真的不能吃了。

那么，除了放到冰箱里，怎样才能将削完皮的苹果放置较长时间呢？办法很简单，那就是把去皮的苹果立即浸在冷开水、淡盐水或糖水中，隔绝空气，防止苹果细胞中酚类物质的氧化，但也不宜浸泡过久。

植物的故事

苹果可以通过酵母菌的发酵酿制调配成低度饮料酒，也就是果酒，酒里会含有苹果的芳香。

你要知道，果酒是人类最早学会酿造的酒，早在6000年前，人类就已经会酿造葡萄酒了。在自然界中，水果中的糖会在合适的环境条件下，被微生物发酵产生酒精。几万年前的人类已经学会贮存水果，经过一段时间这些水果就会自然产生酒精，尤其在温度和湿度较高的条件下。建议孕妇不要吃已经发出酒精味道的水果，因为孕妇对酒精比较敏感，所以，吃了这种水果可能会流产。

红枣

相传，2000年以前的中国，正值秦始皇统一六国时期，他为了让自己长生不老以便更好地统治这个王朝，就派徐福出海去寻找长生不老药。因为当时经过了多年的战乱，百姓们长期都居无定所，身体都比较虚弱，但徐福挑选出海的人必须要身强体壮，而且是能抵抗多种疾病的童男、童女。徐福这时犯了难，他只能带人到各个地方去找寻。当他途经旧齐国的一个地方时，发现这里的每个人都身强体壮，不生百病。原来是这个地方盛产红枣，这里的人都会食枣和饮枣酒。徐福经过详细了解和深思熟虑后，就在这个地方征集了3000名童男、童女，并在船上装上了大量枣酒来御寒驱潮，然后船队入海东渡去寻求长生不老药了。

枣酒是我国历史上有文献记载较早的一种果酒，它需要在添加必要的原料之后，经过发酵才能生成。发酵实际上是一种无氧呼吸的过程，最终会产生水和二氧化碳以及其他的一些代谢产物。

经科学研究和实验，发现几种影响植物呼吸作用的主要因素：

温度：温度主要是影响植物呼吸作用中呼吸酶的活性。通常在一定的温度变化范围内，植物呼吸作用的强度会随着温度的升高而增强。所以，根据这个原理，建议在贮藏蔬菜和水果时，可以通过降低适宜的温度来减少蔬菜和水果的呼吸消耗，延缓其腐烂变质。

蔬菜

氧气：氧气能直接影响植物的呼吸速度，它是植物正常呼吸的重要因子。在完全缺氧的条件下，绿色植物就会进行无氧呼吸，产物多为酒精和二氧化碳。由于氧气的存在对无氧呼吸会起到抑制作用，所以，根据这个原理，建议在贮存蔬菜、水果时降低一定范围的氧气浓度，保证蔬菜、水果较长时间的贮藏和保鲜。

二氧化碳：植物的呼吸作用会在二氧化碳浓度增加时受到明显的抑制。根据这个现象，我们可以通过增加二氧化碳的浓度来保鲜蔬菜和水果。

8. 我叫"无籽西瓜"，我为西瓜代言

妈妈，你知道吗，现在无籽西瓜已进入了千家万户，而且深受人们的喜爱，那你知道无籽西瓜是怎么来的呢？是用种子直接种植出来，还是通过使用某种药剂诱导植株变异后产生的呢？西瓜是从西方传入中国的吗？

西瓜

爸爸，你知道吗，家家吃到的无籽西瓜是近现代才培育出来的，但是，你知不知道，普通的西瓜在东汉的时候也只是皇帝和皇亲国戚们才能吃到的，但也正是在这个时候西瓜的种植开始传遍全国，那你知道是谁在什么地方开始传播种植的吗？不管是吃无籽西瓜还是普通西瓜，都得适时、适量，在好多情况

下是并不适宜吃西瓜的。

爸爸妈妈，这些问题你们都知道吗？

植物如是说

无籽西瓜

无籽西瓜是一种已经没有繁殖能力，不能产生种子的三倍体，它是用二倍体的自然西瓜和人工诱导产生的四倍体西瓜的植株杂交后产生的种子，这种种子在种下去之后长成的植株是三倍体植株，不能再产生种子，等于说这种种子是"一次性的"。

无籽西瓜的种植面积在全国逐步地扩大，而且深受大家的喜爱，但无籽西瓜并不是完全没有籽的，它的果实内有未发育的小而白的种皮，可以直接食用，吃起来有无籽的感觉，所以，叫无籽西瓜。

真实的例证

西瓜是一种性寒解热的水果，本来称作寒瓜。西瓜从名字上解释是西方或西域传过来的瓜，但这种说法遭到了很多学者和专家的反对，因为中国人喜欢把外国传入的东西加上一个"洋"字或"西"字，而且在西瓜已经传入中国东南沿海地区的五代以前，西瓜是被叫做寒瓜的，所以，推测有可能是从温度较高的地方传入的，而且这种瓜在沙地里长势非常好，所以，认为引入地有可能是在沙漠或沙土较多的地方。

沙地西瓜

那么，西瓜到底是从什么地方传入中国的呢？专家们普遍较为认可的是，推测它是由"海上丝绸之路"上传入中国的，而且有考古证明，有可能是经过海上丝绸之路从非洲区域引入中国的，但真实的引入地还需要不断地发掘和考证。

植物的故事

东汉时期的云梦地区开始种植西瓜，随后传遍天下，这要归功于一个名叫黄香的人。

云梦地区的黄香非常孝敬父亲，得到了很多邻里和官员的赞赏，甚至得到了皇帝的赏识，汉章帝曾经把他接到京都读书，而且封了管职。东汉第四代皇帝汉和帝继位后，也非常器重他，任命他为"尚书令"。

汉和帝每年夏天都把进贡的"极品"西瓜拿来和黄香共同品尝，当时，西瓜在全国是十分精贵和稀有的。当时皇帝对吃西瓜有着严格的规定，吃瓜的时候，要将瓜籽吐在银盘里，而且不能带出宫外，否则要砍脑袋。

黄香心想这种稀罕之物要是能在民间种植，肯定能为黎民百姓带来很大好处，所以，他决定冒死把西瓜种子传到民间。后来，黄香终于将西瓜籽安全带回府里，精心保存起来，并让家乡来的一位可靠的官员秘密带回老家种植，随后逐渐传遍神州大地，这才有了"天下西瓜云梦传"的说法。

科学观察

西瓜是一种大众化的水果，但常人也不宜大量食用，尤其是以下人群：

体质比较虚弱的产妇不宜食用；肾功能有问题的病人不宜大量食用；糖尿病人吃西瓜会导致血糖升高；吃西瓜会让口腔溃疡患者的愈合时间延长；饭前和饭后吃会影响食物的消化等。

吃冰西瓜会对人的脾胃和咽喉造成伤害，吃得越多伤害程度越大，所以，建议西瓜不要买回来冷藏后再吃，最好是现买现吃。如果确实需要冷处理，建议把冰箱温度调至15℃左右，而且放置时间不要超过两个小时。另外，西瓜是夏令瓜果，冬季不宜多吃，应遵循自然规律。

冰西瓜

9. 我是青柿子，千万别吃

你们知道吗

妈妈，你知道吗，柿子和番茄是不同的，很多人到现在还分不清楚，在这里有必要和大家细说一下。青柿子和青番茄都是不可以没经过处理就吃的，否则有可能致命，这是为什么呢？

番茄

爸爸，你知道吗，成熟的番茄可以洗干净后生吃，番茄在很长一段时间是被人们认为有毒的，直到有一位画家勇敢地尝试，才证明番茄原来是可以吃的，你知道这个过程经历了多长的时间呢？除了不可以轻易吃青柿子和青番茄，吃柿子和番茄的一些禁忌常识，你知道的还有哪些呢？

爸爸妈妈，这些问题你们都知道吗？

植物如是说

柿子和番茄除了名字不同，主要的不同点在于柿子是一种水果长在高处，番茄是一种蔬菜长在低处。柿子和番茄容易被人们混淆的原因应该是，大家都习惯将番茄称之为西红柿和洋柿子，又没有人刻意去教给大家分辨两者的不同，所以，时间长了，将两者混淆也是在所难免的。

柿子

原产于中国的柿子是一种种类丰富且种植广泛的果树。青柿子又称作涩柿，采摘后的涩柿必须经过人工脱涩后才可以食用，否则，涩柿中的低毒物质单宁酸会对胃粘膜产生刺激，可以引起恶心、呕吐等诸多不良症状。

番茄又称为西红柿和洋柿子，是从外国传入中国的一种人们常吃的蔬菜。现在，番茄已经成为了全世界栽培最为普遍的蔬菜之一，说不定你们今天吃的菜里就有"西红柿炒鸡蛋"呢。青番茄是万万不可以吃的，经过特殊处理的青番茄，最好也要慎重地下咽。

真实的例证

青番茄

青番茄中含有一种化学物质叫做龙葵碱，它是广泛存在于茄子、马铃薯等茄科的植物中。龙葵碱对胃肠黏膜有非常强的刺激性和腐蚀性，对中枢神经系统有麻痹作用，尤其对呼吸系统和运动中枢系统产生的麻痹作用更加明显。龙葵碱还对红细胞有溶血作用，误食产生的后果非常可怕。龙葵碱中毒的主要症状表现为恶心、呕吐、呼吸困难和身体器官功能衰竭等，中毒严重的可以造成死亡。

不过，有一个柿子品种叫柿青，就是青色的，成熟之后也是软的，主要用于品种的嫁接。而相对应的，也有许多经研发的青或绿色的西红柿品种，不过因为在市场上的认可程度不高，所以，大家一般情况下很难见到，它们的种植数量也不多。眼下在饭店和市场上出现的青柿子是无毒的，可以放心食用和购买。

植物的故事

原产于秘鲁和墨西哥的番茄属于一种生长在森林里的野生浆果，当地人将这种果子称作"狼桃"，而且还认为它有毒，所以，只是用来观赏，但没人敢吃。

番茄和鲜艳的蘑菇一样有剧毒的说法，在很长一段时间里，一直在后人的心里产生阴影，甚至都没人敢于在成熟的狼桃表面舔一下。

番茄是在16世纪由英国的一位公爵带回到英国的，他把番茄作为爱情礼物献给了情人伊丽莎白女王，从此，番茄就被人们称为"爱情果"和"情人果"。

到了17世纪，一位法国画家非常喜欢用他的画笔来描绘番茄，但从来也没想过要尝一口。终于有一天，他喝了点儿酒，禁不住番茄的诱惑吃了一个，他仔细回味之后觉得味道好极了，而且居然没死。之后，他非常高兴地把"番茄没有毒，可以食用"的消息告诉了他的朋友们，他的朋友们听完之后感到非常吃惊。画家见他们半信半疑，就当着他们的面吃下了两个番茄，过了很长时间也没有中毒的迹象，这才让他的朋友们心服口服。他的朋友们纷纷又将番茄无毒的消息告诉了身边的朋友们，就这样一传十，十传百，不久就震动了西方，传遍了世界。从此，番茄就成了上亿人餐桌上营养丰富的美味佳肴。

经过科学家的证明，番茄是一种富含维生素和多种营养成分的蔬菜，而且含有较多的茄红素，建议人们常食用，尤其是处于身体成长重要阶段的少年儿童。

番茄炒鸡蛋

科学观察

柿子不要空腹吃，因为柿子里含有较多的鞣酸和果胶，空腹吃时会让鞣酸

黄瓜

和果胶在胃酸的作用下形成硬块，容易滞留在胃中形成胃柿石。

食用番茄有很多禁忌，需要大家认识和了解：

不要大量生吃或空腹吃番茄，因为番茄内的可溶性收敛剂可以与胃酸发生反应并凝结成不溶解的块状物，脾胃虚寒的人和月经期间的妇女更要慎重食用。不要吃未成熟的青番茄，青番茄内含有有毒的龙葵碱，可以使人致命。番茄经过高温加热之后会破坏它的营养价值，失去必要的保健作用。番茄不要和青瓜和黄瓜一块儿食用，否则会破坏两者的营养价值。尤其要注意在服用药物新斯的明或者加兰他敏时，不要食用番茄。

10. 我是香蕉，不是香蕉"树"

你们知道吗

香蕉

妈妈，你知道吗，香蕉是一种热带水果，在吃香蕉时，我们会看到香蕉果肉中有一排排褐色的小点，那这些小点是香蕉的种子吗？香蕉是靠种子繁殖的吗？香蕉"树"一般长得都很高大，那你觉得香蕉"树"是一种树吗？

爸爸，你知道吗，你可能听说过"一个馒头引发的血案"的故事，那你听说过"一串香蕉引发的血案"的故事吗？香蕉全身都是宝，就连香蕉皮都不例外，这个时常令人滑倒的"坏角色"到底有什么神奇的利用价值呢？

爸爸妈妈，这些问题你们都知道吗？

植物如是说

我国是有着悠久的香蕉栽植历史的文明古国，目前外国主要栽植的香蕉品种大都是由我国传过去的。

香蕉是原产于亚洲东南部热带、亚热带地区的芭蕉科植物，喜高温多湿的气候，对土壤的要求较严，主要分布在东、西、南半球南北纬度30°以内的热带和亚热带地区。目前，世界上栽培香蕉的国家有130多个，产量最多的是中美洲，其次才是亚洲。

野香蕉

现在，你正在享受的美味香蕉是经人工培育出来的新品种，是没有种子的，也不能用种子进行繁殖，而香蕉果肉中的那一排排褐色的小点，其实是没有得到正常发育而退化了的香蕉种子，可以和果肉一起食用，但这些小点严格意义上讲不能称作香蕉的种子，因为现在还存在可以用种子繁殖的野香蕉。

真实的例证

你看到的香蕉树样子可能和其他树木一样高大粗壮，但香蕉树并不是树，只是像树而已。事实上，它是一种多年生的草本植物，在植物学中属于芭蕉科芭蕉属。

香蕉树

人们之所以称它为香蕉树，是为了把它和它的果实（香蕉）区别开来。香蕉树的主干也不是真正的植物茎，而是一种"假茎"，它真正的块状茎是长在地下的。香蕉的根系、叶片、花轴以及繁殖后代用的吸芽都是从块状茎里长出来的。

经过人们的培育和不断进化，现在种植的香蕉是靠吸芽繁殖后代的，而且长出的全是退化可直接食用的种子。它的野生祖先原本是靠种子繁殖的，但果实中的种子又大又多又硬，而且果肉很少，几乎没有多少食用价值，一直到现在还存在着这种"野香蕉树"，但它的药用价值可观。

植物的故事

猴子天性爱吃香蕉，一位心理学家用一只聪明的猴子做过实验：他把这只猴子关到一个铁笼子里，笼子上铁栏杆之间的间隙可以让猴子的手臂伸出来。然后，他故意饿了这只猴子两天，期间只给水喝。到了第三天的时候，那位心理学家给这只猴子拿来一串香蕉，但放在离猴子很远的地方，之后又拿来一根很长的带铁钩的竹竿，放在笼子外，猴子伸手不费力就可以拿来使用。

这只聪明的猴子被饿了两天，显然已经非常饿了，它现在把注意力都集中到那串香蕉上。此刻，它千方百计地想办法把手伸得更长些，希望能把香蕉抓到手。但它费了九牛二虎之力，累得筋疲力尽，手臂都磨得流出血来了，也没能够到那串香蕉。

心理学家把那个"带铁钩的竹竿"放到笼子旁边，就是专门为猴子够香蕉准备的，猴子却把全部的注意力都集中到了那串香蕉上，根本没有想到要借助"带铁钩的竹竿"的力量，最终导致自己受了伤还一无所获。一只聪明的猴子却犯了一个非常低级的致命错误，确实令人感到惋惜。可能那串香蕉注定不属于那只饿猴子，可是回过头来一想，那只猴子只要稍微一动脑子，就可以完全吃到那串香蕉的。

这个实验告诉我们，关键时刻不要丧失理智，万事不可以急于求成、乱了方寸，否则很容易就犯低级错误。我们应该冷静下来，抵挡住"香蕉"的诱惑，等做好充分准备、看清形势之后再做事情。一些成功的人往往是在"饿两天"的情况下还保持着清醒的头脑，懂得运用自己的智慧耐心地解决眼前的困境，而且仍然保持着一颗平常心。

科学观察

优质香蕉的果皮呈鲜黄或青黄色，梳柄完整，单只香蕉的果皮应该色泽新鲜、光亮、无病斑和创伤，而且丰满、肥壮、易剥离，果肉稍硬。

香蕉皮

大家都知道，香蕉吃起来香甜而且营养丰富，但你对香蕉皮的妙用知道多少呢？现在，我们就给你介绍一下有关香蕉皮妙用的常识：

香蕉皮的内面可以用来擦拭皮鞋、皮衣等皮革制品，这样可以长时间保持皮革制品的光泽并延长皮革制品的寿命；香蕉皮有着催熟的作用，只要把香蕉皮和需要催熟的水果放在一起，不用多长时间就可以吃到成熟的水果了；把香蕉皮埋在兰花盆中的土壤里，可以使兰花长得又壮，花开得又好；香蕉皮可以和黄瓜片一样当做面膜使用，能够使你的皮肤滋润光滑；有很多人的皮肤上会长瘊子，只要把香蕉皮敷在瘊子的表面，使其软化然后一点点地把软化的部分小心捏掉，多敷几次，可以痊愈不再复发；香蕉皮中含有的蕉皮素可以有效地抑制细菌和真菌的滋生，对抑制和治疗皮肤瘙痒症非常有效；风干后的香蕉皮加上另一味叫火炭母的中药煲好的水加适量红糖喝下去之后，可以治疗口腔溃疡，而且还有通便的作用；香蕉皮还能够医治风火牙痛和治疗痔疮、便血；手足皲裂之后，可以用香蕉皮内侧来擦拭裂口，连用数次就可治好；取风干的香蕉皮煎服之后可以治疗高血压和防止中风的发生；用香蕉皮煮的水可以清利头目，有解酒的作用。

11. 我是神秘的"落花生"，请叫我长寿果

你们知道吗

妈妈，你知道吗，原来落花生就是指的我们常吃的花生呢，除了落花生，花生的别名还有很多，你知道的有哪些呢？我国的花生产量很高，那你觉得花生的起源地是中国吗？

爸爸，你知道吗，花生被叫做落花生是有原因的，据说和一个传说故事有关，那你知道这是一则什么样的故事吗？翻炒处理之后的花生香甜诱人，但有些人却是不宜食用的，你知道吃花生有哪些好处和禁忌吗？

爸爸妈妈，这些问题你们都知道吗？

植物如是说

花生是一年生草本植物，别名有很多，像落花生、金果、长寿果、地果、番豆、金果花生、唐人豆、地豆等。它的原产地到底在哪里，现在还存在不少争议，但研究普遍倾向于南美洲。

世界上大约有100多个种植花生的国家，亚洲种植最为普遍，其次是在非洲。花生由于含油量非常高，所以，被人们誉为"植物肉"，是人类榨取食用油的良好原料，而且美味香甜，可以药食两用。

真实的例证

现代研究倾向于花生起源于约3500年前的南美洲，更确切地说是现在的巴西和秘鲁地区，但至今还存在很大争议。美洲最早的古籍之一《巴西志》里对花生有着明确的记录，里面表明当时的古印第安人称花生为"安胡克"。有一种观点认为花生最早的用途是作为猪饲料，人类最早食用是在美国内战时，而且美国的卡尔文博士被美国人尊称为花生之父，但这种观点涉及的"美国"元素较多，不太可信。

植物学家们根据花生多样性品种类型的集中情况，认为花生的起源中心可

能是玻利维亚南部、阿根廷西北部和安底斯山山麓的拉波拉塔河流域，但仍然都属于南美洲。

　　同时，也有证据表明中国可能是花生的原产地之一，只是当时可能有自己的名字，并不叫做花生。中国考古学家在某个原始社会遗址中发掘出了炭化的花生种子，而且经测定遗址坑的年代距今4700年左右。没过几年，在江西的某个原始社会遗址中也发掘出了炭化的花生种子，这难道是一种偶然吗？经专家确认，在距今2100年前的汉阳陵出土的农作物里也已经出现了花生。欧洲曾从中国引种花生，非洲刚果18世纪的《刚果植物志》中提到花生是由中国传入印度和锡兰以及马来群岛，随后才传入非洲。

落花生

　　中国在明末清初的时候，沿海地区多次从南美洲引进花生品种，而且普遍种植。可以说，现在我们吃到的花生大多是从南美洲引进的，但我们本身是有自己的花生品种的，它们应该是南美洲花生的近亲。

植物的故事

　　这是一个有关落花生的传说：很久以前，花生的果实和苹果、梨、桃一样是长在树上的，那为什么又长到土里去了呢？

　　有一位妇人，丈夫死了，只留下她和十几岁的儿子石蛋相依为命，家里靠栽种花生为生。但树上长的那些花生常常被那些鸟类天天叨食，娘儿俩看着心疼，但又很无奈。

　　一天中午，石蛋刚刚吃完午饭不久，就到地里看花生。那群贪嘴的鸟儿们又在枝杈上叨花生吃，它们被石蛋赶跑了，不久又来，来了又被赶跑，就这样反反复复，来来回回，害得石蛋顾东顾不了西，顾西顾不了东。

　　石蛋正在地里大汗淋漓的时候，突然听到一声"哎哟"的惨叫，石蛋往发出声音的地方一看，只见不远处有一位白胡子老人正双手捂着脚脖子，咬着牙蹲坐在地上。石蛋顾不上自己树上的花生，赶紧跑过去扶起老人，还热心地拿来自己的水壶喂老人喝水。

　　不一会儿，老人恢复了过来，脚脖子也没那么疼了，然后微笑着对石蛋说："难得啊！真是个热心的好孩子，我得报答你。"说着就从身上摸出了一块闪着夺目光芒的四方金递给石蛋，然后说："孩子，你在地上挖个两尺来深的坑，把它埋进去，但千万要记住一定要用自己的双手挖，这样你以后就不用再辛苦地撵鸟了。"

石蛋听后，赶紧跪地拜谢，等他抬起头来时，那老人已经无影无踪了。石蛋顾不上多想，就把四方金放在一边，然后跪在地上用双手在地里挖坑。当挖到手指头都出血，而且疼痛难忍时，他就想用铲子去挖，但一想起那位老人的叮嘱，他就把心一横，咬着牙，忍着疼又用双手挖下去，等挖到两尺来深时就把四方金小心翼翼地埋了进去。埋完四方金之后，石蛋已经觉得非常累了，他喝了几口水，躺到地上就睡着了。

当他睡得迷迷糊糊的时候，忽然听见有人在叫他，随后他赶紧站起来，看见自己刚才还流着丝丝鲜血的手被包扎好了。他娘正站在他面前，他不经意间往枝杈上一瞧，看到树上只剩下一片片的绿叶儿，长势喜人的花生果都不见了，就非常着急地问他的娘："娘，咱枝杈上的花生果怎么都没了呀，是不是都被那些臭鸟给叨没了啊？"他娘满脸带着笑意，说："你快去把花生秧拔起来瞧瞧吧，出大事了！"

他急忙跑过去，拔起一棵花生秧来看，看到花生现在都长在秧底下呢！石蛋现在终于明白了老人说的以后不用再撵鸟的意思啦，从此，落花生就一直在土里长了。

科学观察

花生和葵瓜子一样，是大众食品，老年儿童都可以食用，花生的营养丰富，好处很多，但也有许多值得大家今后注意的地方，现在，我们把它的好处和食用禁忌列出来供大家分享：

花生在经过炒熟、油炸或其他处理后，香气扑鼻，美味难挡，但不宜多食，要有节制地食用，而且在花生的很多吃法中，煮或炖着吃是最佳的选择。

常吃花生确实能养生，因为花生本身就有一定的药用价值和保健功能，它能够有效地降低胆固醇，从而减少人们心血管疾病的发生几率；花生中含有较高的锌元素，可以有效地延缓人体衰老，增强人的记忆力，同时能够促进少年儿童的大脑和骨骼发育；花生和花生油中的白藜芦醇是最有效的抗癌物质之一，所以，花生有预防肿瘤的作用，常吃花生油也不错；花生对于病后体虚或术后病人的恢复以及妇女孕期产后都有良好的补养效果。

建议大家将带着红衣的花生和红枣配合使用，尤其是对大量出血后的病人恢复效果非常好。

花生在日常储藏中很容易就受潮发霉，发霉的花生产生的黄曲霉菌毒素的致癌性很强，所以，一定不要吃已经发霉的花生。

痛风患者，胆囊切除者，胃溃疡、胃炎、肠炎患者，想减肥的人，糖尿病患者，高脂蛋白血症患者，消化不良者，跌打淤肿者和体寒便泄者都应该注意，花生对你现在的状态来说是有害无益的。

12. 别打我，我会疼：龙舌兰、棉苗、含羞草

你们知道吗

妈妈，你知道吗，植物竟然和动物一样是具有感觉的，而且随着现代科技的快速发展，它已经被越来越多的实验所证明，那么，是谁首先发现并通过实验证明的呢？

爸爸，你知道吗，植物也有类似我们人类的感情，当它们遭到外界伤害时，就会迅速向周围的同伴们报警，提醒同伴需要和它们一起采取积极的防御措施，那么，有没有鲜活的例子呢？植物的感觉可以为人类带来哪些有用的价值呢？

爸爸妈妈，这些问题你们都知道吗？

植物如是说

1966年的一天，FBI的测谎机实验者巴克斯特在无意之中把测谎机的电极接在了龙舌兰的叶片上。当他给龙舌兰浇水时，不经意地看到电流计的图纸上竟然记录下了类似人类在感情冲动时那样的波动图形。

巴克斯特非常惊讶，他决定对此要进一步进行研究。他想，我们人类在受到伤害时发出的电磁波是较为强烈的，如果龙舌兰的叶子被烧会出现什么情形呢？

龙舌兰

在进行实验时，测谎机的示踪图上发生了大幅度的波动变化，很明显，龙舌兰对此感到恐惧不安。随后，他再一次划着了火柴来烧龙舌兰的叶子，看到示

踪图在这一瞬间有较为明显的不同。而当他手里拿着燃着的火柴朝着龙舌兰走近时，示踪图上的曲线便开始增多。非常有趣的是，在巴克斯特将火柴划燃多次，却又不去烧它之后，示踪图则慢慢地停止了变化。原来，龙舌兰意识到这是一种不会发生的威胁，所以，渐渐地不再感到害怕了。

后来，巴克斯特又在不同的植物上用多种方法做了多次这样的实验，结果都证实了植物是有感觉和意识的。

真实的例证

经过农业专家们的研究发现，当一株棉苗遭到害虫啃食或受到外界的机械损伤时，不但这株棉苗体内两种蛋白质的活性会明显提高，而且在它周围的那些棉苗体内两种蛋白质的活性也会明显提高。那么，这两种植物蛋白的活性提高有什么作用吗？其主要作用在于可以帮助棉花释放出成分较为复杂的化学物质。

棉苗

经过专家在实验室的研究，棉苗此时从体内释放出的挥发性化学物质主要是绿叶挥发物、萜类化合物以及草莽酸的一些途径产物，这些挥发性的化学物质可以造成害虫的吞咽和消化困难，进而减少自身受到的伤害，属于植物的一种应急防御措施。

含羞草也是一个较为典型的例证，当我们轻轻地触碰这种植物的叶片时，它便会立刻紧闭下垂，即使是一阵微风吹过也会这样，含羞草在受到外界的刺激时，叶柄就会下垂，小叶片合闭，这种动作被人们普遍理解为"害羞"，所以，称之为含羞草。

含羞草

植物的故事

据说杨玉环刚刚入宫时，因为见不到唐玄宗（唐明皇）李隆基而整天愁眉苦脸、茶饭不思。一天，她和宫女们一起到宫苑里赏花，不小心碰到了含羞草，含羞草的叶子立即卷了起来并微微下垂。那些跟随和服侍她的宫女们都说这是因为杨玉环的美貌，使得那些花草自惭形秽，害羞得抬不起头来。

唐玄宗听说了这件事情，知道了宫中有个能够"羞花的美人"，于是立即召见，后来还将她封为了贵妃，就是历史上著名的杨贵妃，从此以后，四大美女雅称（沉鱼、落雁、闭月、羞花）之一的"羞花"指的就是杨贵妃。

含羞草在品种上基本没有什么区别，不过一般从外观上分为有刺含羞草和无刺含羞草。

无刺含羞草

有刺含羞草：也就是从含羞草的颈部长出来一些白色小绒毛，枝叶分叉处有小刺，微硬。

无刺含羞草：茎干光滑，无绒毛，枝叶分叉处没有刺。

含羞草能够预兆天气的阴晴变化：

如果我们用手触摸一下，它的叶子很快闭合起来，而张开时很缓慢，这说明天气会转晴；如果触摸含羞草时，其叶子收缩得缓慢，下垂也较迟缓，甚至稍一闭合就重新张开，这说明天气将由晴转阴或者快要下雨了。

经研究，含羞草叶子开合速度的快慢，也间接地反映了空气中湿度的大小，能够作为预报天气的一种参考。

含羞草还能够预测地震：

经外国地震学家的研究，在强烈地震发生的前几个小时，对外界触觉敏感的含羞草的叶子会突然地萎缩直到枯萎。

在地震发生较为频繁的日本，科学家们发现，正常情况下含羞草的叶子是白天张开，夜晚合闭。如果出现含羞草叶子出现白天合闭，夜晚张开的反常现象，便是发生地震的前兆。

此外，含羞草还可以预测一些灾害性的天气变化，对突发性的反季节性温差、地磁、地电等变化也会出现不合常规的生长变化，这些都需要你的细心观察。

13. 会跳舞走路的植物：舞草、苏醒树、风滚草

妈妈，你知道吗，我们人类跳舞是为了展现自己和强身健体，动物会跳舞我们可能也觉得不足为奇，但你知道有的植物也是会跳舞的吗？它们跳舞是为

了给我们人类和其他动物欣赏的吗？

卷柏

爸爸，你知道吗，世界上真实地存在着诸多有灵性的植物，苏醒树就是其一：它可以走路。除了苏醒树会行走以外，你还知道哪些会走路的植物呢？卷柏被叫做还魂草，你知道这是为什么吗？

爸爸妈妈，这些问题你们都知道吗？

植物如是说

舞草

绝大多数人都觉得植物是静止的，动物能够活蹦乱跳，但在地球上却生长着会跳舞的植物。

这种植物叫做"舞草"，也叫做电信草、鸡毛草，但它们并不是草，而是一种小灌木。它们主要生长在我国华南、西南广大地区的丘陵山沟或灌木丛里。顾名思义，这是一种会"跳舞"的植物。

舞草是一种有趣的观赏植物，它们对阳光比较敏感，在阳光的照射下，大叶旁边两枚侧生的小叶会缓慢向上收拢，然后快速下垂，类似钟表的指针，不停地回旋运转。在舞草的同一植株上的各小叶在运动时会有快有慢，但都很有节奏，此起彼落，它们可以从太阳升起一直舞到太阳落山，不带停歇。

晚上，舞草就会进入"睡眠"状态，随着早晨第一缕阳光的到来，它们又开始翩翩起舞。科学家们至今还没有研究清楚舞草跳舞的根本原因。对于舞草跳舞的作用，有人认为舞草跳舞是为了起到自卫的作用，当它们跳舞时，一些霸道的小动物和小昆虫就不敢轻易前来进犯了，但也有人认为舞草一般生长在阳光明媚的地方，它们是为了不被强烈的阳光灼伤，才使自己的两枚侧生的小叶不停地运动，这样能够起到躲避酷热的作用。

舞草不但是一种生性活泼的会跳舞的观赏植物，而且它还是一种颇具疗效的草药。

真实的例证

除了舞草是一种有灵性的植物之外，苏醒树、风滚草和步行仙人掌这几种植物也是有灵性的：因为它们会走路。

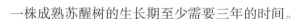

苏醒树在世界上的数量非常稀少，而且它们习惯生活在潮湿的地方，以液化形态存在，看不到固定的固体形态，主要生长在美国东部和西部地区。它们一般会寄生在有三到五年树龄但又不太高的单株树木上，从春季开始半年的寄生期，到秋季时就会选择迁徙。

它们在水分充足的地方就会安心地生长，而且十分茂盛，一旦缺水，就会逃走：它们会把根从土中抽出来，卷成

苏醒树

一个球体，随风而行。在寻找到新的水源后就将卷曲的根伸展，并插入土中，开始新的生活。

一株成熟苏醒树的生长期至少需要三年的时间。

苏醒树在生长起来后，会缩卷身体，沉睡；又张开身体，苏醒，这就是为什么把它叫做苏醒树的原因，它在世界的植物中是令人称绝的一朵奇葩。

风滚草也是一种会走路的植物，不过它必须得借助风的力量才能行走，它们生长在沙漠中。如果风滚草生长的地方缺水，它们就会把根从土壤里抽出来卷成一团，当有风的时候就随风吹走，直到到达有水的地方，再把根扎进土壤里重新开始。

风滚草在戈壁里很常见，多数人习惯称它为草原的"流浪汉"。它们的生命力极强，无论发生什么都不会轻易让它们枯死。在风的帮助下，它们的种子可以从"草

风滚草

球"中散落出来，而且最终会找到适合自己生长的环境，然后生长开花。

步行仙人掌，顾名思义，就是一种能够徒步行走的仙人掌，它们生长在南美洲秘鲁的沙漠中。这种仙人掌能将自己的根系当成腿和脚，慢慢地向其他地方行走。这种仙人掌与一般的仙人掌不同，它的根是由一些带刺的嫩枝构成的，这样就能够借助风的力量"走"出很远的距离，所以，被叫做"步行仙人掌"。

植物的故事

还魂草是卷柏的一种别名，主要生长在荒山野岭的干旱岩石缝隙中，是一种由孢子繁殖的蕨类植物，也是一种药材。

还魂草

卷柏很奇特，它在干旱时枝叶会卷缩起来，整体变得焦干，进入了"假死"的状态，当它得到水分和温度适宜时，就会大量吸水并把枝叶舒展开，又"活"过来。

卷柏确实有很顽强的抗旱能力，它们专门生长在干旱的石崖上，而石崖上又难以保持水分，它要经过多次的"枯死"和"还魂"之后才能繁衍和长大，所以，被称为"还魂草"。

关于"还魂草"的由来，还有一个与其相关的传说：

传说在昆仑山上，有一个发着金光的天池，那是王母娘娘经常去洗澡的地方。在天池的岸上，生长着一种仙草，据说这种仙草能起死回生。

有一年民间遭遇大旱，瘟疫横行，死了成千上万的老百姓。常住在天池中的龙女看到人间遭受灾难十分同情，于是，就把天池岸上的仙草偷偷带到人间来救人，让成千上万死去的百姓起死回生。龙王知道这件事情之后大发雷霆，一怒之下就把龙女打下了人间。龙女到了人间后，心甘情愿变成了还魂草来普救众生。因还魂草生命力极强，在晾干后放入水中还可生长，所以，称之为还魂草。

科学观察

美洲的卷柏非常奇特，它们能在干旱时缩成圆球，随风滚动，和风滚草很类似，遇到有水的地方，就会伸展开始生长，缺水时又开始旅行，所以，又被称作"旅行植物"，但它们的旅行往往要付出一些代价，甚至是冒着死亡的危险。

有很大的几率，游走的卷柏会被风吹得挂在其他树的枝头无法动弹，只能等着渐渐地枯死；有的滚到公路上就会被车轧扁，无法再随着风滚动了；一些淘气的儿童会把几株卷柏缩成的圆球合在一起当球踢等。

美洲卷柏

我们可能会想，难道卷柏离开"旅行"就不可以生存了吗？对此科学家做了一个简单的实验：他们用挡板圈出一片空地，把一株卷柏栽入一处水分充足的空地上。几天后水分蒸发减少，卷柏又开始习惯性地准备"旅行"。但科学家们的挡板挡住了它们旅行的脚步。卷柏在好几次将根拔出又动不了的情况下，不得已又重新将根扎在原来的地方。过了一段时间，卷柏反而长得更加苗壮！原因很简单，原来是卷柏努力地将根扎向泥土中更深且有充足水分的地方。

卷柏的努力让你受到哪些启发，你又学习到了它们身上哪些优秀的精神品质呢？

14. 我有一双隐形的翅膀：蒲公英、柳树、天鹅绒兰

你们知道吗

妈妈，你知道吗，种子会飞的植物不只是蒲公英和柳树哦，还有很多种子长翅膀的植物你知道有哪些吗？这些植物的种子既然长着翅膀，那它们能飞多远呢？

蒲公英

爸爸，你知道吗，蒲公英对我们来说很常见，但是，你有没有想过，它们为什么被叫做蒲公英呢？如果现在告诉你，蒲公英是可以食用的，你会感到惊奇吗？

爸爸妈妈，这些问题你们都知道吗？

植物如是说

柳絮

许多植物为了繁衍生息，都给自己的"孩子们"装备上了"隐形的翅膀"，像我们大家最常见的蒲公英，就是让种子握着一把小伞到处飘荡，喜欢哪里就降落到哪里，然后开始新的生活。

有些人对柳絮到处飘飞感到非常厌恶，但你要知道这也是柳树们的无奈之举，它们也是为了自己的后代着想，它们的一些习性也正在受到人类的影响。

有些植物经过进化，特意将种子长成薄片状，风一吹来，它们的种子就可以随风滑翔到远方，寻找新的家。

还有一些植物的种子重量非常轻，微风一吹，它们

都会飞到很远很远的地方。有些植物的种子的重量可以轻得让你感到吃惊，例如，梅花草的种子每粒只有十万分之三克，天鹅绒兰的种子每粒仅重五十万分之一克。

真实的例证

生物学上，习惯将那些长翅膀的种子叫做"翅果"，它是一种由风散播的风播果实，这些翅果可以凭借它们身上的翅膀，能飞到很远的地方。

翅果的飞行距离和风有着直接的关系，风速、风的持续时间、风的种类等因素的不同，可以在很大程度上影响到翅果的飞行距离。但飞得

翅果

远不见得就能找到适宜生长的地方，很多翅果都是在飞行途中或飞到目的地之后夭折的，所以，它们的飞行是存在危险的。

会飞的种子能飞很远，但我们可能并不清楚它们到底能飞多远。科学家们经过观察发现，在相同条件下，桦树的翅果可以飞到1000米以外的地方；榆树的翅果上长着两张翅膜，能够飞出1500米左右；最牛的是云杉的种子，它的种子长着非常像船帆的翅膀，随风飘到10000米以外不成问题。

植物的故事

蒲公英名称的由来有一个鲜为人知的传说故事：

在古代的时候，人们都相对比较封建。有一户人家的16岁的女儿患了一种乳腺疾病——乳痈，由于她羞于向父母开口，时间一长，她的乳房变得又红又肿，但她一直在强忍着疼痛。这件事最终还是被她的母亲知道了，她母亲识字不多，又没有多少医学常识，再加上当时又是封建社会，所以，她总以为是未出嫁的女儿做了什么见不得人的事。

母亲怀疑自己的贞节，让姑娘心里感到很委屈，觉得没脸面再去见那些邻里朋友，所以决心要死，她选择在夜晚偷偷跑出家，然后投河自尽。但被一个老渔翁和他的女儿给救了，没有死成，那个老渔翁姓蒲，他的女儿叫做小英。老渔翁和小英经过询问，终于问清了那位患乳痈的姑娘投河的原因。老渔翁略懂医术，第二天，他就让女儿小英去山上挖一种草药，这种草药长

着翠绿的披针形叶，叶子边缘呈锯齿状，在植株顶端长着一个松散的像降落伞一样的白色绒球。小英采回这种草药之后洗净，然后再捣烂成泥，敷在姑娘的病患处，姑娘的病没过几天就痊愈了。姑娘很感谢蒲公（"公"为古代尊称）和小英，并且将这种草药带回家栽植并传播开来。后来，人们为了纪念这两位渔家父女，就将这种草药起名为蒲公英，并流传至今。

科学观察

前几年，国家将蒲公英列入了药食两用的品种范畴，这就意味着国家已经在推广和使用蒲公英较高的食用价值了。

经过现代医学实验证明，蒲公英对很多病菌和病毒有很强的杀灭和抑制作用，它能够在一定程度上代替抗生素使用，中医上更是将它全草入药。

蒲公英也是一种优质的野菜资源，它富含维生素、葡萄糖、胡萝卜素等多种营养成分，而且含有丰富的微量元素，是一种不可多得的药食两用的绿色保健食品，它的花还可以酿造成味美色香的保健酒。

我国中医学认为蒲公英有清热和解毒的作用，患有肝炎或糖尿病的病人可以长期食用。

15. 请把我带走吧，我是苍耳

你们知道吗

苍耳

妈妈，你知道吗，有很多植物是靠把种子附着在人的衣服或动物的毛、羽上来传播和繁衍后代的，那你知道的这类植物有几种呢？苍耳应该是我们知道的最常见的一种了，它的种子上长有密密麻麻的倒刺，钩抓能力比较强，那你知道它们主要是通过什么动物来传播种子的呢，整个传播过程又是怎样的呢？

爸爸，你知道吗，在儿童的眼里，苍耳的果实活像个小刺猬，这里还有一个他们喜欢的小故事呢。有的人说苍耳可以食用，苍耳确实是一种药材，但也要严格遵循医嘱服用，因为它的全株是有毒的，甚至可以置人于死地。

爸爸妈妈，这些问题你们都知道吗？

植物如是说

苍耳的种子上长有倒钩，是一种常见的能够利用人的衣服或动物皮毛进行传播的植物。苍耳属于一年生的杂草，有卷耳、爵耳、佛耳、地葵、粘粘葵、常思、野茄、只刺、青棘子等非常多的别名，原产于美洲和东亚地区，比较喜欢温暖且稍微湿润的气候，能够耐干旱和贫瘠。

窃衣的果实上也和苍耳一样长有类似的倒刺，属于一年生或多年生的草本植物，喜欢生长在山坡、河边、树林和草丛中，在国内外都可找到。

鬼针草是一年生的草本植物，一般生长在荒地、山坡和田间地头，和窃衣一样不是什么稀罕物，在国内外都有分布，而且是我国民间的常用草药，全草都可以入药。

鬼针草

以上3种植物都是利用种子上的倒钩或刺毛来附着到动物的皮毛或其他可移动的东西上，进行后代的传播和繁衍。

真实的例证

苍耳种子的重量不足以让它随着风儿在天空中飘散，所以，也就不能通过风传播，通过鸟类传播的几率也不大，它主要还是通过动物传播的。由于它的种子上带有倒刺，可以轻松地粘到动物的皮毛或人类的衣服上，而且粘得比较牢固，这样它的后代就可以传播到其他地方了。

苍耳种子最常见的传播动物应该是野兔。当野兔靠近苍耳植株的时候，皮毛就很容易粘上苍耳的种子，当野兔感到被粘着的皮毛不舒服时，就会用力抖动身体，苍耳的种子落在适宜生长的土地上之后，就开始生根发芽了。但也有很多苍耳的种子是并不幸运的，它们或是落在满是水的湖泊江河里，或是被带到了"滴水贵如油"的黄沙沙漠里，悲惨地丢掉了性命。

植物的故事

在一个故事里，刺猬先生是一位管理户籍的警察，它需要每天带着记录本，来调查和核实一块草坪上的花花草草们的来历。

一天，它看到了草坪上来了一棵苍耳，植株上还长着很多带刺的种子，它以前从未记录过苍耳的来历，也不知道苍耳是怎样到达这里的，到底是乘飞机、坐轮船还是搭火车过来的呢？此刻，它满脸充满疑惑，准备亲自问个清楚。

在这片草坪上，它只记录过蒲公英的种子是坐着飞艇来的，凤仙花的种子是经太阳暴晒，果皮爆裂后被炸飞出去的，小樱桃的种子是小鸟把樱桃果肉吃掉后留下的……

但刺猬先生从没有记录过苍耳这样的住户是怎样到达这里的，它感到奇怪，就来到苍耳面前，问："苍耳，你们长得还真的和我有点儿像，请问你们是怎么来到这儿的呢？"

苍耳的种子们看看刺猬先生，眨巴眨巴眼睛后只是咧着嘴一直乐，因为它们确实有点儿相像。

苍耳种子

正巧这时有一只野兔跑过来，它是诚意地邀请刺猬先生有空去它家做客的，刺猬先生不好推脱，于是就点头答应了。

当野兔高兴地哼着小调离开时，刺猬先生就发现有好几颗苍耳的种子把自己的倒刺挂在了野兔的皮毛上，也快乐地唱起了歌曲："小苍耳，骑'白马'，没腿也能跑天下，告别妈妈和故乡，快到远处去安家……"

刺猬先生看到之后也很高兴，因为它终于知道了苍耳是怎么来到这里的。

科学观察

苍耳的全株是有毒的，以幼芽和种子的毒性最大，中毒的原因一般是因为误食了苍耳的种子或幼苗。

苍耳中毒是有潜伏期的，并不是立刻就中毒发病，发病时间的长短和摄入量有关，一般潜伏期为2～3天，最快的是4小时就发病，中毒严重的会造成死亡。

苍耳可以作为药用，但需要请教医生，并严格遵照医嘱，控制服用剂量。

苍耳中毒的症状主要表现为头晕、头痛、恶心、呕吐、腹痛、便秘或腹泻、精神萎靡、全身无力、瞳孔扩大、心率减慢、多汗或无汗、嗜睡或烦躁不安等；严重的会表现出昏迷、抽搐、心脏和呼吸衰竭，最终死亡。家畜误食后也会表现出中毒症状，严重的会致死。

16. 顽强的生命力：仙人掌、胡杨、地衣、沙棘、光棍树

你们知道吗

光棍树

妈妈，你知道吗，我们人类利用智慧可以孤身在沙漠中存活较长的一段时间，植物也可以在各种恶劣的环境中想办法生存，有时它们体现出的顽强生命力会令人由衷地感到敬佩。那么，你最熟悉的几种具有顽强生命力的植物是什么呢？你以前听说过具有顽强生命力但被叫做"光棍树"的一种植物吗？

爸爸，你知道吗，仙人掌是我们普遍认为的具有顽强生命力的植物，但你知道被称作"仙人掌之国"的是哪个国家吗？仙人掌或仙人球真的像某些人说的那样能够有效地预防和吸收电脑辐射吗？它们在电脑辐射面前，还能够保持那么顽强的生命力吗？

爸爸妈妈，这些问题你们都知道吗？

仙人掌

植物如是说

说到有顽强生命力的植物，就不得不提到几个典型的代表：胡杨、地衣、沙棘、仙人掌和光棍树，或许我们觉得它们是在一些恶劣的环境中不得已才练就那样顽强的生命力，否则难以生存，但是，它们表现出的很多优点确实值得我们人类思考和学习。

地衣

胡杨又被称作英雄树，它们常生长在沙漠中，生命力极强：能够耐寒、耐旱、耐盐碱、抗风沙等。科学家根据现代的发现和考查，并通过研究胡杨的化石，得出了胡杨是一种距今至少有6500万年的古老植物了。它们对于稳

定生态平衡，防风固沙，调节绿洲气候和形成肥沃的森林土壤等，也起到了极其重要的作用。

地衣是一种真菌与藻类共生的特殊低等植物。据研究，地衣在零下273℃的极低温下还能够生长，在真空条件下放置超过6年的时间还能保持活力，在200℃的高温下也能够生存，可见地衣的生命力是多么地顽强。

沙棘

沙棘的特性是耐旱，抗风沙，抗盐碱，可以广泛地用于水土保持。它们还非常喜光，耐寒，耐酷热，对土壤的适应性非常强，药用价值也很高，而我国是世界上沙棘医用记载最早的国家。沙棘是目前世界上含有天然维生素种类最多的树种，其维生素C的含量远高于鲜枣和猕猴桃，被人们誉为"天然维生素的宝库"。

仙人掌生命力顽强，耐炎热、干旱、贫瘠。原始的仙人掌类植物是有叶的，它们原来分布在并不干旱的地区，只是由于原来湿润的地区变得干旱，它们为了生存而不得不去适应环境，外形发生变化，直到变成现在我们看到的这个模样。

光棍树原产于非洲的热带干旱地区，它们为了减少水分蒸发，叶子才逐渐退化直到消失，树枝也变成了绿色，用来代替叶子进行光合作用。整株树变得无花无叶，仅剩光秃秃的枝丫，犹如一根根棍棒插在树上，所以，被人们戏称为"光棍树"。光棍树的白色乳汁可以制取石油，但有剧毒，在观赏或栽培时需要特别注意安全。

真实的例证

仙人掌有"沙漠英雄花"的美誉，是墨西哥的标志之一，墨西哥也一向被人们誉为"仙人掌之国"。

仙人掌是墨西哥的国花，相传是神赐予墨西哥人的。墨西哥的气候适宜耐旱的仙人掌生长。墨西哥流传着一句谚语："哪里有仙人掌，哪里就能生存。"墨西哥的仙人掌品种繁多：据统计，全世界已知的仙人掌科品种有1000多种，在墨西哥就有500多种，其中有200多种是墨西哥独有的。我们在墨西哥的国旗、国徽以及货币上都可以见到仙人掌标志。

墨西哥在每年8月中旬都要在其首都墨西哥城附近的米尔帕阿尔塔地区举

办仙人掌节。在节日期间，政府所在地会张灯结彩，在四周搭起特色餐馆，展售制作的各种仙人掌食品，向世界展示仙人掌的风采和传达墨西哥人的仙人掌精神。

植物的故事

下面讲一个沙棘助成吉思汗远征的故事：

传说在八百多年以前，成吉思汗率兵远征赤峰的时候，由于环境条件十分恶劣，很多士兵都疾病缠身，食欲不振，没有了战斗力。战马也因过度奔驰而吃不下粮草，严重地影响了部队的战斗力，成吉思汗心急如焚却束手无策，他最后只能下令将这批战马遗弃在沙棘林中。

过了一段时间，等他们凯旋归来再次经过那片沙棘林的时候，发现被遗弃的战马不但没有死，反而个个都恢复了往日的神威。将士们都非常的惊讶，都没想到这小小的沙棘竟有如此神奇的功效。

成吉思汗得知后喜出望外，下令全军将士采摘大量的沙棘果随军携带，并用沙棘的果、叶来喂马。不久士兵们的疾病就霍然痊愈，食欲大增，身体也越来越强壮。战马更是把粮草吃得干干净净，能跑善驰。成吉思汗从此视沙棘为灵丹妙药，将其命名为"开胃健脾长寿果"和"圣果"。

从此以后，成吉思汗便让御医用沙棘调制成强身健体的药丸。每次征战便随身携带，以抵御疾病，强身健体，成吉思汗年过六旬仍能弯弓射雕。沙棘为蒙古大军远征欧亚，横扫千军，累立战功，建立起前所未有的强大帝国立下了一份不可磨灭的功勋。从成吉思汗开始，沙棘便成为了成吉思汗子孙们常用的食品和保健品，在蒙古民族的生活中更是占据了非常重要的地位。

科学观察

可以这样说，任何动植物以及人体都有吸收辐射的自然能力，但目前并没有任何研究证明，某一物种吸收辐射的能力特别强。很多人都认为仙人掌生活在干旱的沙漠中，适应和抵挡了很强的"太阳辐射"，所以，认为仙人掌是防辐射的高手中的高手。

仙人掌的外观形态是为了抵挡阳光、紫外线的破坏，与计算机屏幕以及其它电器用品产生的辐射线不同。辐射线是一种看不见的波，包括了α、β、γ三种射线，其中γ射线最强，具有穿透任何生物体的能力，并会破坏细胞的DNA，严重的会造成突变，而阳光是一种"辐射能"，并不会对人体产生即时的伤害。直到目前还没有哪项研究报告证明，仙人掌吸收电脑辐射线的能力比其他植物优异，所以，在电脑前放一盆仙人掌能够防电脑辐射完全是推断出来的，并没有什么科学依据。

电脑辐射中含有大量的低能X射线、非电离辐射（低频、高频辐射）、静电电场，电磁辐射、电磁波。这些射线和电磁波，小小的仙人掌是不能吸收的，反而容易被其灼伤。所以，把仙人掌放置得离电脑过近等于是在慢慢地杀死植物，很多植物由于不适应可能会出现烂心、萎蔫甚至死亡的现象。

不可否认，在电脑面前放一盆绿色植物可以令你的工作环境美观和心情舒缓，但和摆放绿色植物相比，喝点绿茶才是抵挡电脑辐射最好的选择，这已经被研究证实：多喝绿茶在预防辐射上能起到重要作用。需要注意的是，由于电磁辐射具有"累积效应"，为了您的健康，请不要在电脑前端坐时间太长，应时常走动一下和用清水洗脸，但洗脸的次数不宜过多。

17. 好一朵茉莉花，香

妈妈，你知道吗，花开的季节，当我们漫步在花丛中的时候，好多的花香就会扑鼻而来，令我们心旷神怡，那你知道这些花为什么会那么香呢？大自然中的花是五颜六色的，这些令你目不暇接的颜色对花的气味会有什么影响吗？

茉莉花

爸爸，你知道吗，茉莉花茶就是用茉莉花精心熏制的一种茶，茉莉花香在茶叶里起到了决定性的作用，但你知道关于茉莉花和茉莉花茶耐人寻味的传说故事吗？不同花香的作用和功效是不同的，合理地利用花香会给你的生活和工作带来哪些惊喜呢？

爸爸妈妈，这些问题你们都知道吗？

花瓣

植物如是说

在绝大多数花瓣里会有一种油细胞，而花的香味就是来源于油细胞，油细胞在有活性的情况下会不断分泌出带有香味的芳香油。由于芳香油比较容易挥发，花香就会在花开的时候随着水分一起散发出来。

有很多花的花瓣中是没有油细胞的，但闻上去也有阵阵香味的原因是什么呢？原来是它们的细胞中含有一种特殊的物质，叫做配糖体，而配糖体本身是没有香味的，只是配糖体在经过酶素分解的时候能够散发出芳香的气味。

真实的例证

如果你认为这个世界上的花儿都是香的，那你就大错特错了。

据大致统计，地球上大概有20多万种植物能够开花，但在开出的花中，只有一小部分是能够散发香味的，所以，大自然中的花并不都是香的，有极少部分的花还是臭的呢。

说到对花香有重要影响的因素，就不得不考虑到花的颜色：

花是五颜六色的，科学家在统计过的4000多种花色中，发现有红、黄、蓝、绿、紫、白、橙、茶和黑等9种色彩。其中花色最多的是白色花，其次是黄、红、蓝、紫、绿、橙和茶色花，而花色最少的是黑色花。

黑色花

不同的花色对花的气味有着很大的影响，科学家通过系统的调查研究得出：

花香种类最多的是白色花，橙色花几乎都没有香味，茶色花种类和数量较少，但茶色花中的花香比例却是最高的，其余花色的花香比例由多到少依次是红色花、黄色花、蓝色花、紫色花和绿色花。

植物的故事

茉莉花中的茉莉两字本来都不带草字头的，而是"末利"两字，经过后来的演变才写成"茉莉"，关于"末利花"的来源还有一个发人深省的传说故事呢。

茉莉花是在1600多年以前传入中国的，主要是用来熏制花茶的。

在明末清初的时候，苏州某地住着一位姓赵的农民，他有三个儿子，平时的生活都比较贫苦。一天，赵老汉到南方去外出谋生，以后每隔两三年才能回来看看。他临走前，将地分成了三块，每个孩子一块地，主要用来种植茶树。

有一年赵老汉回家时从南方带回来一捆不知道名字的花树苗，只是说这些花树长出来的花非常香，南方人都特别喜欢。赵老汉随手就种在了大儿子的茶田边上，他们当时谁都没把这些花树放在心上。

来年的时候，花树上开出了一朵朵的小白花，在很远的地方就能闻到花香，但没有引起村民们的多大兴趣，他们还是一如既往地各忙各的。一天，赵家的大儿子在茶田惊奇地发现，全茶田的茶枝上也带有那些小白花的清香。他随即采了一筐茶叶去城里试卖，没想到这含花香的茶叶一会儿就卖光了。也就是在这一年，大儿子卖香茶叶发了大财。

赵老汉的大儿子卖香茶叶发了大财的消息在方圆百里都传开了。两个弟弟在得知后，心里很不是滋味，于是一起去找哥哥算账，他们认为哥哥茶田里的香茶叶是父亲种的香花所致，哥哥卖香茶叶的钱应该由弟兄三个平分。两个弟弟和哥哥一直吵闹不休，最后还想强行把香花毁掉，让谁都得不到好处。

最后赵氏三兄弟都到了一个德高望重的姓戴的老人家里请他来评理。老人最后说服了弟兄三个，要他们和睦相处，团结一致，共同致富，而且为赵氏三兄弟的香花取名为"末利花"，主要用意就是要时刻告诫三兄弟，为人处事的时候都应该以大局为重，把个人私利放在末尾。兄弟三人听了老人家的劝告后很是感动，回家之后没过多久就都富裕起来了。赵老汉也被儿子从南方接回来，最后三个儿子相继结婚生子，一大家人过着健康和睦、平安幸福的生活，一时间传为一段佳话。

科学观察

根据研究，不同的花香对人体起到的作用各不相同，在这里给大家分享几种常见的对人体有益的花香，希望能给大家提供少许帮助，增进对这方面知识的了解。

茉莉花香能够为你缓解疲劳和缓和情绪，让你感到心情舒畅。

熏衣草香是改善失眠的"良药"，还能够消除抑郁症状，缓解紧张情绪，平息肝火。

薄荷除了可以提神醒脑之外，还和白兰花、月下香一样有极强的杀菌和抗菌作用。

熏衣草

菊花的香味能够激发你的智能和灵感，增强记忆力，有利于提高学习成绩和工作效率。

丁香花香具有祛风、散寒、理气和醒脑的诸多作用。

水仙和荷花的香味能够使人感到宁静和温馨。

紫罗兰和玫瑰的香味可以给人爽朗和愉快的感觉。

天竺葵花

天竺葵花香有镇定神经、消除疲劳和促进睡眠的作用。

18. 别碰，我有刺，我是玫瑰

你们知道吗

妈妈，你知道吗，在我们身边长刺的植物可能很常见，但你想过植物身上的这些刺可能会有毒吗？植物身上长刺除了保护自己之外，还有一项重要的作用是什么呢？

爸爸，你知道吗，我们买到的玫瑰花，你可能没见过上面长有几根刺，那是因为经过了人工处理，玫瑰花身上的刺其实并不少，我国有一个和玫瑰花相关的凄美的传奇故事，你想知道吗？你知道世界上有几个国家的国花是玫瑰花吗，其中的哪一个国家被誉为"玫瑰之国"呢？

爸爸妈妈，这些问题你们都知道吗？

植物如是说

植物有很多种自我保护的方法，例如，体内充满毒素、能够发出恶臭、外表鲜艳的警示颜色等，植物还有一种常见的自身防御的方法，就是让自己的身上长满刺，尤其是荆刺类的植物，这些刺对植物的生存来说是非常有利的。

植物长刺有两种重要的作用：一是保护自身的安全，二是减少体内水分的蒸发和散失。

当敌人看到全身长满刺的植物时，往往就会望而却步，不敢轻易侵犯。

仙人掌无疑是证明植物长刺有减少体内水分蒸发和散失作用的最好例证，因为它们一般生活在干旱的沙漠里，所以，它们为了减少自身水分的蒸发，就将叶子蜕变成一排排排列有序的小刺。

你要知道，为了保护自己，大多数野生植物是有毒的，它们身上长的刺大都是空心的，用来装毒液，而且这些毒液大多是酸性的。这种毒液虽然不会致命，但有时也会给你带来不小的麻烦，所以，建议大家以后见到这些野生植物不要随意触碰，尤其是它们身上的刺。

真实的例证

在日常生活中，长刺的植物你可能见过很多，像仙人掌、玫瑰花、月季花、蔷薇、刺槐等，但你见过看一眼就会令你"毛骨悚然"的长刺植物吗？

仙人掌身上由叶子退化形成的刺叫做"叶刺"，而玫瑰花、月季花、蔷薇所生的刺为皮刺，它们通常都是没有毒的。

蔷薇

说到令你"毛骨悚然"的长刺植物，典型的几个是丝绵树中的美丽异木棉、木棉树中的爪哇木棉、红棉树中的攀枝花（昵称"刺掌"）和皂荚属的美国皂荚（刺痛之树），它们的主干上都长着较为密集的皮刺或瘤刺，如果你亲眼见到这些树或看到这些树的一些图片，就会让你不寒而栗，你的内心也会"倍感疼痛"。

植物的故事

玫瑰花是原产于我国的一个有悠久栽培历史的花种，这里要分享的是一个和玫瑰花相关的凄美的传奇故事。

相传在距今3500多年前，佛祖的徒弟中有这样一对师兄妹，男的性格热情奔放，女的性格温柔体贴。

有一天，他们在一起探讨佛理的时候无意中发现了两朵含苞待放的鲜花，他们从来没见过这样的花，也不知道这些花到底叫什么名字。男的非常好奇，于是就想摘来一朵看看，结果不小心被鲜花的刺刺伤了，手指上立刻流出了鲜血。女的看到很心痛，于是拿起他的手轻轻地吹拂，女的眼角流下了一滴晶莹的泪珠，和男的手上的一滴血同时掉下，分别掉在那两朵不知名的鲜花中。

因为他们都是佛教徒，不可能在一起，只好分开了。从此，男的住在了天上，名字叫做"月老"，女的住在了地下，名字叫做"孟婆"。月老希望女的记住他，他的工作就是通过手中的那一根根的"红线"，让那些有缘的男女共同牵手，记得彼此，那一条条小小的"红线"仿佛就是他的一滴滴鲜血染成的。孟婆希望男的忘记她，她的工作就是用那一碗碗的"孟婆汤"让一对对男女远离悲伤，忘记彼此，那一碗碗"孟婆汤"仿佛就是她的一滴滴眼泪积成的。

科学观察

玫瑰花是英国、美国、西班牙、卢森堡和保加利亚的国花。

保加利亚以盛产玫瑰闻名于世，是誉满全球的"玫瑰之国"。保加利亚盛产着7000多种玫瑰花，而且有很多的玫瑰谷，经过多年的辛勤培植和管理，保加利亚的玫瑰谷现在已经成为了吸引众多外国游客的旅游胜地。

玫瑰节是保加利亚的一个传统节日，人们会在节日期间到玫瑰谷举行一些盛大的庆祝活动。保加利亚人会在广场上载歌载舞，花车上漂亮的"玫瑰姑娘"会手提着花篮向庆祝节日的人群里抛撒五颜六色的玫瑰花瓣，直升机也会从空中向广场上的人们喷洒玫瑰香水，这些举措把庆祝节日的欢乐气氛推向了高潮。

保加利亚人认为高洁、绚丽的玫瑰花象征着保加利亚人民的勤劳和智慧，还代表着保加利亚人民热爱大自然的崇高精神。

19. 天黑了，我就来了：昙花、桂花、夜来香

妈妈，你知道吗，很多花都是在夜间开放的，我们比较熟悉的应该是昙花了，那你知道昙花为什么是在夜间开花吗？"昙花一现"又是什么原因造成的呢？夜来香也大都是夜间开放的哦，那它为什么习惯在夜间开放而且在夜间散发的香味会很浓呢？

爸爸，你知道吗，相传，吴刚可能现在还在不辞辛劳地用斧子砍伐着桂花树呢，可是他砍一斧，桂花树就会再长一斧，一直这样永无停歇。夜间开花的桂花树真有那么神奇吗？吴刚伐桂讲的又是一个什么传奇故事呢？兰花，我们可能见到的种类很多，但是，它们都是在白天开放的，那有没有在夜间开放的兰花呢？有，而且目前仅发现一种。

爸爸妈妈，这些问题你们都知道吗？

植物如是说

昙花原产于美洲，喜温暖湿润和半阴环境。昙花是在晚间开放的，而且仅仅3～4个小时之后就会凋谢，因此，古人就用"昙花一现"来代表美好事物持续时间的短促。

昙花

昙花为什么是在夜间开花呢？这个问题还要从它的原产地的气候与地理特点谈起。昙花原本生长在美洲的那些热带沙漠中。我们都知道，沙漠的气候白天又干又热，但到了晚上就变得非常凉快。它在晚上开花，就可以避开白天强烈的阳光照射，既缩短了开花时间，又可以大大减少水分的散失，这样对它的生存十分有利。时间一长，昙花就形成了在夜间短时间开花的习性，一直到现在都没有通过自身改变。

"昙花一现"仅仅3～4个小时，这是因为如果在开花时花瓣全部张开，就容易散失水分，昙花从沙土中吸收的水分十分有限，不能长期维持花瓣开放所需的水分，所以，在花瓣开放几个小时之后就闭合，花瓣也会很快凋谢。另一方面，由于沙漠中的昼夜温差大，除了花开的这段时间的温度，其他时间对于昙花来说是属于高温或是低温阶段的，这些时间对它的开花都是不利的。

真实的例证

夜来香

夜来香也是在夜间开放的，花期在5～10月，对环境要求比较高，喜欢温暖、湿润、通风好和阳光充足的环境，比较耐旱，但不耐涝，不耐寒。夜来香开出的花朵气味芳香，尤其在夜间会更香。

为什么夜来香习惯在夜间开放呢？那是因为它的老家是在亚洲热带地区，这个地区的白天气温比较高，为夜来香传粉的飞虫很少出来活动，到了傍晚和夜间，飞虫才会出来觅食。这时的夜来香就会散发出浓烈的香味引诱飞虫传粉。经过这些因素的持续影响，夜来香就渐渐地形成了总是在晚上开花的习惯和晚上发出浓烈香味的习性。

除了夜来香自身的习性，它晚上散发出浓烈香味的原因，还在于晚上的花瓣与白天的花瓣构造不太一样。夜来香花瓣上的气孔有一个特点：一旦空气的湿度变大，气孔就会张得大，气孔张大之后蒸发的芳香油就多，我们闻着就更香。一般夜间的空气湿度会比白天大，所以，夜来香的气孔张大后就放出了更浓的香气。

我们白天可以把夜来香放在室内，但晚上最好搬到室外或者通风较好的地方，以防对你和家人的健康产生不利的影响。

植物的故事

桂花树是温带一种惯于晚上开花的树种，比较喜欢温暖、阳光充足的环境，有一定的耐阴能力。关于桂花树的故事就当属"吴刚伐桂"了，吴刚为什么要"伐桂"呢，他砍伐的那棵桂花树经过了这么多年的刀劈斧砍为什么就是没有倒下呢？

桂花树

传说在很久以前，当时的咸宁发生了一场罕见的瘟疫，人们用尽了各种偏方都不见效，人人都非常沮丧，只有无奈地等死。挂榜山下有一个叫吴刚的小伙子，他的母亲也染了瘟疫，吴刚非常孝顺，他每天都会艰辛地爬上山去给母亲采药治病。

他的举动感动了东游归来的观音，于是，观音大发慈悲，晚上托梦跟他说月宫中有一种桂花树，树上开着许多金黄色的小花，用这些花泡水饮用，可以治好这种瘟疫，你可以在八月十五这天到挂榜山顶登上天梯到月宫摘取桂花。

吴刚经过千辛万苦，终于在八月十五中秋节这天晚上登上了挂榜山顶，他走上了天梯找到了散发着芳香的桂花树。他高兴得拼命地摘着桂花，总是想多摘一点儿回去救他的母亲和乡亲。可他一想，摘太多了也抱不了啊，于是，就想出了一个办法：他拼命地摇动着桂花树，让桂花纷纷掉落到了挂榜山下的河中。河面飘满了桂花，河水也被染成了金黄色，人们喝了河里的水之后病就全都好了，后来人们将这条河改名为"淦河"。

这天晚上正是天上的神仙们欢庆中秋节的大聚会，"淦河"里桂花的香气惊动了天上的神仙们，玉帝于是派人调查，后来得知是一个叫吴刚的人把桂花树上的桂花都摇落到了人间的"淦河"里。玉帝很生气，因为玉帝原来最喜欢吃的桂花月饼今年就吃不成了，于是，就派天兵天将把吴刚抓到天宫问罪。

吴刚被抓来后，就把当晚发生的事一五一十地告诉了玉帝。玉帝听完也很敬佩这个年轻人，但吴刚毕竟是犯了天规，不惩罚他就不能树立玉帝的威信。玉帝最后答应了吴刚把桂花树带到人间去救苦救难的要求，但也想出了一个主意来惩罚吴刚：玉帝告诉吴刚，只要吴刚把月宫神树砍倒，就让他回家和父母相聚，连砍下来的月宫神树也可以让他带走。谁知道，玉帝在月宫神树上施了法术，吴刚砍一斧头就长一斧头，吴刚砍了几千年也没有把树砍倒。他思乡思母心切，每年的中秋之夜，他都会丢下一支桂花到挂榜山上来寄托思念之情。年年如此，最终挂榜山上长满了桂花树，为乡亲们默默地奉献着。

科学观察

在世界上的25000种兰花中，已知的唯一晚上开花的是生长在巴布亚新几内亚的一个海岛上的兰花，而且只开花一晚上。不得不说这是一个奇迹。在被发现后不久，植物学家们就非常渴望见到它开的花朵，想知道它开的花到底有什么奇特之处。

兰花大都是由飞蛾、蚊子和其他夜行的小昆虫授粉的，这种兰花也不例外，但其他兰花在白天也是维持开放状态的，而它只开放一个晚上，到第二天凌晨就凋谢了。这种兰花只在晚上10点左右展开花瓣，花瓣上长着黄绿色的花萼。奇怪的是，一般夜间开花的植物都是通过释放香味在黑暗中吸引小型昆虫来授粉的，但这种兰花在晚上也没有明显的气味。

20. 我和秋天有个约定，我是菊花

你们知道吗

妈妈，你知道吗，秋天是收获的季节，有很多花也是在秋天开放的，那这些花为什么在秋天开花呢？为什么自古以来秋天被誉为"金秋"呢？

爸爸，你知道吗，田园诗人陶渊明酷爱菊花，他写了许多赞美菊花的诗句，那你知道菊花淡泊名利象征的由来和陶渊明之间有什么联系呢？有一种树叫做"发财树"，它大都是在秋天开花的，但常人很难见到，你知道这是为什么吗？

爸爸妈妈，这些问题你们都知道吗？

植物如是说

在古代，很多人认为秋天果实的成熟是上天的恩赐，都会在果实成熟之前进行或大或小的祭祀活动，祈求今年能有一个好收成。其实，植物的生长都是有固定规律的。

果实的成熟和花朵的开放都需要有适宜的条件，包括合适的温度和充足的水分，而夏季正是满足这些条件的季节。因此，植物在经过春天的萌发和夏季的滋养之后才能发育成熟，到了秋天正常的结果和开花就变得很现实了。

还有一种观点认为，秋天的大多植物会逐渐进入到休眠阶段，生理活动也开始变弱，所以，大多数果树选择在秋天果实成熟，很多花类也选择在秋天短暂开放，是为了避免体内的营养物质和水分再有所损耗，否则它们可能难以挺过寒冷的冬天。

真实的例证

秋天被称为"金秋"不是现代人的专利，早在很多年以前的古人就已经通过五行学说，认为秋属金。因为秋天符合五行中"金"的特质：秋天，大多数树木的叶子凋零，万物成熟结果，秋风萧瑟，人们都已经在采摘和准备过冬的粮食和蔬果。

其实，我们现代人对于我国古代的五行学说可能并不了解，都倾向于把金秋理解为秋天呈现出一派硕果累累的景象，人们忙着采摘树上的金黄色果实，寓意着五谷丰登，生活富足。

植物的故事

菊花

菊花是中国十大名花之一的多年生草本植物，在秋季开花，中国早在3000多年就有栽培，而且自古以来，它就被赋予了君子之节、逸士之操和淡泊名利的象征。

菊花的象征意义和其他的植物一样，是被人们强加到身上的，不过这些象征也不是凭空捏造出来的，有一定的历史和故事依据，而且大多植物的象征意义是积极的。

陶渊明和菊花有着不解之缘，有人甚至还将陶渊明供奉为"菊花神"，为了赞扬陶渊明的君子气节，后人就把他酷爱的菊花作为了淡泊名利的象征。

当时，40多岁的陶渊明担任着彭泽县令，他到任没多久就碰到了督邮来检查公务，那位督邮是个十足的贪官污吏，每次来检查公务都是"满载而归"，挺腹而去。在督邮还没到来之前，县吏就告诉陶渊明，让陶渊明穿戴整齐，面带微笑，把礼品备好，然后再恭恭敬敬地去迎接督邮。陶渊明听后很生气，但自己毕竟只是一个小县令，于是非常无奈地叹息道："我岂能为五斗米向乡里小儿折腰！"字面的意义就是说，我怎么能为了当县令的这区区五斗俸禄，就低声下气向这些小人进行贿赂和献殷勤呢！说完就挂冠而去，辞官回乡了。

菊花可以说是陶渊明的一种高贵人格的化身，而且在陶渊明的诗作中，许多和菊花相关的诗句都是将诗人自身的志趣、追求和菊花的素雅、淡泊的形象自然地联系在一起的，以致后人都将菊花视为一种高洁和淡泊的象征。

科学观察

马拉巴栗

发财树的学名叫"马拉巴栗"，是一种以观赏为主的常绿乔木，喜高温高湿气候，所以，在北方不太适宜栽种，即使给予精心栽植也几乎见不到它开花。

如果有人种植的发财树开花了，就会引来许多花木经销商的赞叹，他们大都是第一次见到发财树开花，甚至以前认为发财树是不开花的。有很多花木经销商即使卖了几十年的发财树，也不见得能亲眼见到它们开花，因为发财树开花的几率只有千分之一。

发财树的花苞一般在晚上8点左右开始开放，它开出的花朵为乳白色，花蕊顶端为金黄色，有淡淡的清香，到第二天早上就会自然凋谢。如果达到一定树龄而且环境条件适宜，发财树可以连续开花十几天到二十天，开出的花朵可以超过数百朵。

发财树是一种热带植物，植物学家认为只有在达到一定树龄，而且温度、湿度、水分、光照等适宜条件下，发财树才有可能开花。可想而知，如果你在北方栽植的发财树长势很好，而且还能亲眼见到开花，那将是一种奇迹。

21. 我要围着太阳转，我是向日葵

你们知道吗

妈妈，你知道吗，葵花向阳的现象对我们来说都习以为常了，但葵花是不是整棵植物在随着太阳转呢？葵花向阳能给它们自身带来哪些好处呢？向日葵为什么能够灵敏地转向太阳呢？

葵瓜子

爸爸，你知道吗，前文中，我们讲到过关于向日葵的传说故事，如果你不记得了，没关系，重要的是接下来我们一起欣赏关于向日葵的另外一则故事。葵瓜子是大家都爱吃的食物，有很多人习惯带着几包葵瓜子在拥挤的火车上听着歌吃上一

路，你要知道葵瓜子里含的热量很高，长期大量地吃会对你的身体有好处吗？另外，你现在可能会在心里纠结着一个问题，那就是葵瓜子到底是熟吃好还是生吃好呢？

爸爸妈妈，这些问题你们都知道吗？

植物如是说

向日葵又称作太阳花、葵花，原产于北美，可以用于观赏摆饰。

葵花盘

向日葵的花实际上是一个花序，在植物学上把这种花序通常称为花盘，向日葵不是整棵植物随着太阳转，而是花盘跟着太阳转的。

向日葵转向太阳，对它来说是有很多好处的，除了能够为花朵创造一个舒适的生长环境，聚集阳光的热量之外，还可以更好地引诱那些传粉的昆虫前来为它传粉，并且能够促进种子（也就是我们常说的葵花籽）更好地发育和生长，令我们吃到的葵瓜子变得更加香甜美味。

真实的例证

向日葵能够灵敏地转向太阳的原因是向日葵紧靠花盘的一段茎内向光面与背光面生长速度不均造成的结果。生长素在向日葵的向光面比背光面产生的相对要少，于是，就造成了向光面生长慢，背光面生长快，一高一低，最终导致葵花习惯于朝向太阳，接受光照了。

生物学上，对于葵花向阳有更加科学的认识：

生物学上说向日葵并不是时刻朝向太阳，向日葵从发芽到花盘盛开之前的这段时间，的确是朝向太阳的，但植物学家经过科学测量后发现，向日葵的花盘指向总是落后于太阳的，等到太阳下山后，向日葵的花盘又会慢慢往回摆到朝向东方。但等到向日葵的花盘盛开后，向日葵就不再转向太阳了，而是固定在朝东的方向。植物学家们认为这是自然选择的结果，对向日葵的繁衍有益处。还有一种观点认

美丽的葵花花海

为向日葵最早接受的是来自东方的阳光照射，所以，绝大部分的花盘朝向东面并固定下来。

植物的故事

向日葵在很多国家尤其是西方国家，有很多传说故事是在讲有关爱情的，下面就是一则西方有关向日葵爱情的传说故事。

一天，美丽的仙女克丽泰在树林里偶然遇到了正在狩猎的太阳神阿波罗，阿波罗长得俊美潇洒、器宇不凡，克丽泰感到自己深深地爱上了阿波罗。但她却犹豫再三，始终不敢向阿波罗表白，阿波罗也始终没有正眼瞧过她。阿波罗走后，克丽泰热切地盼望有一天阿波罗能对她说说话，但她以后却再也没有遇见过阿波罗。

从此，克丽泰每天深情地注视着天空，每当见到阿波罗驾着威武的太阳车划过天空时，心里就觉得非常高兴。就这样，她一天天目不转睛地注视着阿波罗的行程，从太阳升起到太阳下山。最终，她的痴情感动了众神，于是，众神把克丽泰变成一棵向日葵，她的脸庞向着太阳的方向，每天都痴情地望着她内心的爱人——太阳神阿波罗。

科学观察

葵瓜子熟吃和生吃哪个好的问题可能一直在困扰着很多人，其实，熟吃和生吃都可以。熟着吃确实很美味，口感好；葵瓜子生吃没有毒，有的人说葵瓜子生吃养生，年轻人可以经常食用也有一定道理。但熟吃和生吃葵瓜子都不要过量，适度吃些就可以了。

葵瓜子有益于保护人体的心血管健康，预防贫血、高血压和神经衰弱等疾病，缓解失眠和增强人体记忆力等诸多好处。但多吃无益，大量嗑瓜子会耗费很多唾液，形成瓜子牙，而且容易使舌头、口角糜烂、上火生疮，所以，建议在食用葵瓜子时用手剥皮。

营养学家建议，大家每天不要吃超过50克的葵瓜子。葵瓜子含有的热量较高，营养丰富，可以适量食用。老年人过多食用葵瓜子，会令血压升高，从而加剧高血压的症状，所以，老年人应该少吃，尤其是患有高血压的老年人，而且食用方法以煮为佳。

22. 我们兰花的大家庭

你们知道吗

妈妈，你知道吗，兰花是"四君子"之一，也是中国名花，那么，你眼中的兰花长什么样子呢，你见过长有"雀斑"的兰花吗？这种兰花是不是生病了，还是特有的品种呢？除了兰花，你还能说出几种其他带斑点的花吗？兰花中的春兰非常常见，那你知道春兰的栽植和供人欣赏的历史有多悠久呢？

春兰

爸爸，你知道吗，有很多兰花的品种极其稀有，长"雀斑"的稀有兰花更是难找，往往在崇山峻岭之中才可勉强碰到，连古代的许多皇帝都不辞辛劳地费尽心思寻找稀有兰花，那你知道与此相关的真实故事吗？

植物如是说

叶斑病确实是兰花的常见病，看起来就像兰花上长了"雀斑"。实际上，兰花中也确实有很多长"雀斑"的品种，长"雀斑"并不是得病的症状。春兰就是长"雀斑"兰花中的一种，它的别名叫双飞燕、朵朵香，是兰花中常见的一种，为中国的特产。春兰应该种在湿润、凉爽和通风的地方，避免缺水和阳光直晒。

除了春兰，长"雀斑"的兰花还有登克尔、莉莎、罗西洛里、赌徒、金孔雀、娜达莎等。

射干是一种多年生直立草本植物，它的叶子上也长着"雀斑"，但分布较为匀称，为原本单调的花瓣增添了不少灵性和趣味。它耐干旱和寒冷，喜温暖和阳光，对土壤的要求不严。

竹节秋海棠又叫红花竹节秋海棠，是一种叶表面带白色斑点的多年生亚灌木。它作为一种浅根系的植物，比较喜欢温暖湿润和半阴的环境，

秋海棠

但忌水涝、炎热和暴晒，而且不耐寒。

真实的例证

春兰的栽培历史非常悠久，虽然还存在诸多的争议，但它的文化已经和博大精深的中华民族文化融为了一体，它既是兰花的代表，也给人高雅、超凡脱俗的感悟。

中国春兰在春秋战国时期开始种植的说法尚存争议，但在南北朝和隋唐时，春兰的种植和欣赏确实有具体的诗赋和史料记载。

以诗赋为证，较少争论的说法是南北朝、隋唐时已有欣赏春兰的记载，而且当时的人们对春兰的欣赏是正面的、积极的，多为赞美和歌颂。

宋朝以后，作为观赏植物的春兰开始被人们大量地栽培，宋朝的画家赵孟坚和大文豪苏东坡都对春兰以书画或诗词的形式进行过赞美。许多诗人、画家、工匠等也都对春兰以各自擅长的方式进行过描绘和刻画，而且大都带着赞扬的心态。数量之多，令人感到惊奇。另外，以春兰为主要报道对象的书籍也纷纷出现。民间流传的关于春兰的传说也非常多。可以说，春兰现在已不只是一种花的代表，更多的是一种高雅的民族灵魂的象征。

植物的故事

中国古代的许多皇帝都喜欢欣赏兰花，在明朝的正德年间，当时的皇帝就非常喜欢兰花，他在南巡时听说兰荫山上出产名贵的兰花，于是，就急急忙忙地赶到兰荫山，想带回宫几株珍品兰花培养。

兰荫山上有一座兰荫寺，寺里的住持和尚恰恰有一株罕见的梅瓣兰花，这株兰花神韵隽永，幽香四溢。但住持不舍得把它献给皇上，所以，住持吩咐弟子将这株兰花移植到一个小香炉里，然后把小香炉垂放到山上的一口深井里，藏得非常隐蔽，就连住持自己也深感满意。

住持忙着去迎驾进了寺院的皇帝，皇帝没来得及休息就让侍臣们去给他选挖兰花，但一段时间过后，侍臣们挖回来的几株兰花都不令皇帝满意。就在皇帝连连摇头之际，一股兰花的幽香飘过来，皇帝闻到后先是一惊，但马上缓过神来命令侍臣们去找散发出这种幽香的兰花。侍臣们顺着幽香找到了那口藏有梅瓣兰花的古井边，并顺着绳子拽出了那只小香炉，但那株藏好的兰花却不见了。

皇帝对这鼎小香炉产生了疑问，于是，问住持是怎么一回事，住持只好搪塞说："这鼎香炉，燃香无数，致使自身能够产生异常幽香，用这鼎香炉打出来的泉水，能让人双目明亮，延年益寿，我愿意将此宝物献与皇上。"

皇帝半信半疑，命令侍臣用这鼎香炉打上水来，和大家一起享用。皇帝和侍臣们喝下打上来的一口泉水后，果然感到清心明目，凉爽舒适。皇帝感到非常高兴，于是一时兴起，命令内侍取来文房四宝，准备在这口水井的石壁上题写"兰荫深处有异香"七个字，谁知刚写下"兰荫深处"四个字，就突然感觉腹部疼痛难忍。侍臣们也个个捧腹弯腰，异常难受。

梅瓣兰花

原来皇帝和侍臣们上山时累得大汗淋漓，不久就喝了井里的凉水，冷热相冲，所以，感到腹部疼痛。皇帝疼得无心再往下写，只好草草落款，在侍臣们的陪同下，带着香炉匆匆下山去了。至今兰荫山石壁上还留有石刻：御题，兰荫深处，正德十四年五月十六日。但那株珍贵的梅瓣兰花从皇帝下山起就早已不见了踪影。

科学观察

早在春秋战国时期，"圣人"孔子就对兰花大加赞赏，称其为君子修道立德的榜样。宋代是中国研究兰花的鼎盛时期，有关兰花的书籍及描述也非常多。南宋的赵时庚写的《金漳兰谱》是我国保留至今最早的一部研究兰花的著作，也是世界上第一部兰花专著，而国画《春兰图》是宋代画家赵孟坚以兰花为题材创作的现存最早的兰花名画。

明、清时代，我国的兰花研究进入到了昌盛时期，兰花已经成为了大众观赏之物。这段时间，有关描写兰花的书籍、画册、诗句等层出不穷，至今仍有一定的参考价值。

中国的兰花研究发展至近现代，在前人发展的基础上，人们著作的有关兰花的书籍内容越来越全面和准确，而且大多通俗易懂、图文并茂、引人入胜。随着高科技的不断进步，兰花研究作为发源于中国的艺术瑰宝，一定会取得更大的发展。

23. 我是美丽的春之使者，我是迎春花

妈妈，你知道吗，春天开花的花种确实有很多，但如果让你挑选一种花作为代表，你会选择哪一种花呢？没错，就是迎春花，迎春花的同属种类很多，你知道或栽植过的有哪几种呢？

迎春花

爸爸，你知道吗，相传，上古帝王大禹曾经喜欢过一位姑娘，但那位姑娘却最终变为了一尊长满花朵的石像，大禹为了纪念这位姑娘，特意将这位姑娘身上长出的花朵命名为"迎春花"。迎春花和连翘、野迎春等有几分相似，那么，应该怎样来区分它们呢？

爸爸妈妈，这些问题你们都知道吗？

植物如是说

迎春花是一种原产于我国华南和西南的亚热带地区的一种落叶灌木，又名金梅、金腰带、金腰儿、清明花和小黄花，在南方栽培的最为普遍。因为它在百花之中开花最早，花开之后就迎来了百花齐放的春天而得名，而且和梅花、水仙和山茶花统称为"雪中四友"，是中国的名贵花卉之一。

迎春花喜光，稍耐阴，略耐寒，怕涝，生长迅速，非常适宜制作盆景。很多栽植者为了使迎春花喜报春晓，繁花满枝，就每年进行修剪，并且花后去掉迎春花基部的老枝，促发新梢。

真实的例证

迎春花的同属植物很多，常见的有如下品种：

红素馨，又叫红花茉莉，攀援灌木，有香气，花期为5月。幼枝呈现出四棱形，有条纹。产于四川、云南、贵州等省。

素馨花，又叫大花茉莉，直立灌木，枝条下垂，有芳香，花期在6月和7月之间。叶片为椭圆形或卵形，花单生或数朵成聚伞花序顶生，白色。产于云南、广西地区。

探春花，又叫迎夏，半常绿灌木，枝条开张，拱形下垂，花期5月，可以结果。叶片为卵形或椭圆形，是顶生多花的聚伞花序，黄色。浆果椭圆状卵形，绿褐色。原产于我国中部及北部地区。

探春花

云南黄素馨，又叫云南迎春，常绿藤状灌木，小枝无毛，四方形，有香气，花期在3月和4月之间。叶片为长椭圆状披针形，花单生，淡黄色，具暗色斑点。原产于云南，现在各地都有栽培。

素方花，半常绿灌木小枝细，有角棱，有芳香，花期在6月和7月之间。叶片为卵形或披针形，有花数朵，聚伞花序顶生，白色。产于四川、云南和西藏地区。

植物的故事

相传，上古帝王大禹在带领人们治水的时候，在涂山遇到了一位姑娘，这位姑娘给他们烧水做饭，忙前忙后，还帮大禹他们指点水源。大禹非常感激这个姑娘，这姑娘也很喜欢大禹，于是，两个人在众人的祝福下成亲了。

大禹因为忙于治水，他和那位姑娘不得不相聚几天就分开。大禹临走时，姑娘把他送了很长一段路。当姑娘把大禹送到一座山岭上时，大禹就深情地对她说："送到什么时候也得分别啊！我不治好水是不会回头的。"

姑娘流着泪看着大禹，说："你走吧，我就站在这里，要一直看到你治平洪水，回到我的身边。"

大禹和姑娘临别前把束腰的荆藤解了下来，递给了姑娘，告诉她看到这条荆藤就相当于看到了我，让她不要太伤心。姑娘摸着那条荆藤腰带，若无其事地说："没事儿，你去吧，我就站在这里等，一直等到荆藤开花，洪水停流，人们安居乐业时，我们再团聚。"

和姑娘离别后，大禹就带领人们踏遍神州，开挖河道，疏通洪水。几年之后，洪水终于被治住了，从此，人民安居乐业，享受幸福。

大禹很高兴，他连夜赶回来去找那位心爱的姑娘。他远远地就看见姑娘手中举着那束荆藤，正站在他们离别的地方等他，可是，当他到眼前一看，竟然看到那位姑娘早已变成一尊石像了。

原来，自从大禹走后，姑娘就每天站在这座山岭上张望。不管刮风下雨，天寒地冻，从来都没有离开过。后来，草锥子穿透她的双脚，草籽儿从她身上发芽生根，她还是坚持用手举着荆藤张望和等待。天长日久，姑娘就变成了一座石像，她的手和荆藤长在一起了，她的血浸着荆藤，原本干枯的荆藤竟然长出了新的枝条。大禹看到这一幕，伤心不已，泪水大滴大滴地落在石像上，霎时间让那荆藤长出的枝条上开出了一朵朵金黄的小花儿。洪水消退，人们迎来新的春天。大禹为了纪念自己心爱的姑娘，就把这荆藤上开出的花儿起名叫做"迎春花"。

科学观察

迎春和连翘同属木犀科的落叶灌木，它们有很多相似之处，而且还在相近的时间开花，开出的花都是黄色，所以，很多人不能很好地区分这两种植物。

连翘

其实，它们的区别明显：

迎春花的老枝是灰褐色的，小枝呈四棱状，细长，绿色。叶全为三出复叶，叶片较小，呈卵状或椭圆形。花是黄色的高脚碟状。而连翘枝条为圆形，小枝浅褐色，叶片较大，呈长椭圆形。花是金黄色，而且花瓣较宽；迎春花的每朵花有6枚花瓣，但连翘的每朵花上只有4枚花瓣；迎春花很少结果实，连翘却常结果实。

迎春花和野迎春的区别：

它们同属木犀科素馨属植物灌木，两者十分相似，但迎春花为落叶灌木，先开花后长叶，盛花期无叶，野迎春为常绿灌木，花期是有绿叶的；迎春花的花筒长，野迎春的花筒较短；迎春花从2月末开至3月份，开花比同地区的梅花更早，但野迎春的花期常为4月初，比迎春花晚一个月左右。

迎春花和云南黄馨的区别：

云南黄馨

和野迎春的区别相同，迎春花属于落叶灌木，而云南黄馨属于常绿灌木；迎春花是先开花后长叶，而云南黄馨是花叶同时出现；迎春花原产于我国北方及中部各省，在华北地区栽培极为普遍，因而有"北迎春"之称，而云南黄馨原产于我国华南和西南地区，在南方栽培极为普遍，人们习惯称之为"南迎春"。

24. 我们最抗冻: 松、竹、梅

妈妈, 你知道吗, 我们人类经过锻炼可以提高抵御寒冷的能力, 但你知道有一些植物天生就是不怕冷的吗, 它们抵御寒冷的方式又有哪些呢? "岁寒三友"说的就是三种耐寒的植物, 那你知道是哪三种植物吗?

爸爸, 你知道吗, 我们常见的树木中, 只有松树在冬天是长着"绿色头发"的, 那你知道是什么原因和与此相关的有趣传说吗? "福如东海长流水, 寿比南山不老松"中的

竹子开花

"不老松"却指的不是松树, 那它到底是一种什么样的植物呢? 竹子耐寒, 也是一种常见的植物, 但你亲眼见过竹子开花吗?

爸爸妈妈, 这些问题你们都知道吗?

植物如是说

杨树

细心观察, 你就会发现, 植物抗寒的方式有许多, 在此列举几种:

最常见的就是通过在冬天落叶的方式来抗寒, 例如, 杨树和枫树; 常青树抗寒的方式比较复杂, 需要经过多种方式综合抗寒, 包括保持内部温度, 排出水分, 控制叶面的冰或雪对叶子内部的影响程度等来抵抗寒冷; 有些植物通过白天吸热, 晚上放热来抵抗寒冷, 例如, 仙人掌。俗话说"适者生存, 优胜劣汰", 能够适应环境变化的植物才能够最终生存下来, 繁衍下去。

被人们誉为"岁寒三友"的松、竹、梅都是在冬天抵抗寒冷的高手, 是历来被中国古今的文人们所敬慕的。

属常绿树的松树的种类很多, 对陆生环境的适应性极强, 而且耐干旱、耐贫瘠, 具有较高的观赏价

梅花

值；竹子是高大、生长迅速的植物，原产于中国，不但种类较多、分布广泛，且适应性较强，在我国被看作是高雅、纯洁、虚心、有节的精神文化象征；梅也是中国的特产，其梅花主要用于观赏，而且经考古证实：早在3200年前，梅已经在我国被用作了食品。

真实的例证

龙血树

"不老松"乍一听起来好像指的是一种松树，但事实上却不是这样。

不老松又叫做龙血树，属龙舌兰科的单子叶植物，原产于非洲，生长在热带雨林中。因为它的茎干颜色灰青，斑驳栉比状似龙鳞，又能够分泌出红色的汁液，所以，就得到了这样的一个名字。

古代人们常说"福如东海长流水，寿比南山不老松"的吉祥话，其中的不老松就是指的龙血树，因为它的生长十分缓慢，几百年才长成一棵树，几十年才开一次花，属于长寿的树木，已经发现的活得最长的达到了八千多岁，因此，非常珍贵。

龙血树也被作为现代室内装饰的优良观赏和用于美化的植物，它对光线的适应性非常强，能够在阴暗的室内生存，在光线充足的室内也可以长期地被种植和观赏。

龙血树在受伤后会流出暗红色的树脂，像流血一样，这种树脂是有名的防腐剂，古代人曾用它来保存人类尸体，也是现代制作油漆的一种原料。干固之后的龙血树树脂结块，在中药里被称为"血竭"或"麒麟竭"，非常名贵。

植物的故事

冬天，在我们常见的树木中，只有松树是长着"绿色头发"的，这是因为其他树木的叶子的表面积较大，而且分布着很多的气孔，通过这些气孔会蒸发掉大量的水分。所以，好多树木为了减少体内水分的消耗，就主动让叶子落掉，而松树的叶子却又细又长，叶子的表面积小，相应

松树

地对水分的消耗也就大大地减少了，并且松树叶子上还有一层蜡质，能很好地把水分锁住，所以，松树的叶子一年四季都是绿色的，只不过绿色的深浅程度会在不同的季节有一些变化。

对于这个问题，还有一个小小的故事要和大家分享：

相传在很久以前，有一位美丽的仙女想要考验一下树木们的爱心，于是，就用法术变成了一只白色的小松鼠。

她先是走到柳树面前，假装很可怜的样子说："柳树大哥，你行行好，让我在你的叶子下躲一会儿可以吗，大灰狼要来吃我！"

柳树却不屑一顾地回答："哪来的一只臭松鼠，赶紧走开，别烦我！"

小松鼠摇摇头，又跑到枫树跟前，可怜巴巴地说："枫树姐姐，我感到好累，可以让我在你树枝上坐一会儿吗？"

"真讨厌!赶紧滚！"枫树骂道。

小松鼠感到很失望，随后，她又去了很多树前，都被不礼貌地拒绝了。她又生气又伤心，愁眉苦脸地走向最后一种没有请求过的树——松树。

松树在很远的地方看见松鼠愁眉苦脸，就大声喊："小松鼠，有什么不高兴的，快过来尝尝我新长出来的松果，站在我身上摘着吃，我长出的松果又甜又香！"

小松鼠原来的忧愁一扫而光，非常高兴地跑了过去，跑着跑着突然变成了一位美丽的仙女。这可把松树吓了一跳，只见仙女的脸色又由晴转阴，生气地大声说："难道只有松树那么有爱心吗？哼！我宣布，冬天只让松树有叶子，为了惩罚那些没有爱心的树，冬天就让你们的叶子全部落光!"

后来，冬天就只有松树上长着叶子了。这个故事告诉我们要做一个有爱心的人。

科学观察

竹子是一种常见植物，但你亲眼见到过它们开花吗？

竹子是可以开花的，但它开花的周期有长有短，并不是每年都开花。由于竹子的种类不同，其开花周期的长短也不一样，有些种类的竹子需要十几年、几十年才开花一次，有的甚至需要长达百年，比人类一生的寿命都长。当然有少数例外，可以一年左右开一次花，有的则没有开花的规律性，所以，竹子开花并不神秘。

为什么竹子开花后会成片枯死呢？科学家对此持有不同的观点：有的科学家认为，竹子生长到一定的年龄，必然会衰老，为了繁衍后代，在生命结束之前开花、结果。

竹子

植物的开花习性可分为两大类：一类是一次开花植物，如稻、麦、竹子等；另一类是多次开花植物，如苹果、梨等。一次开花植物一生就开一次花，其特点是，生长前期营养生长占优势，当营养生长达到一定阶段后，生殖生长就渐渐转向优势，最后开花结实。因为开花结果要消耗掉大量的养料，所以，在消耗了大量的养料之后就不能再生活下去，最后逐渐枯死了。

"竹子开花"在中国古籍中已早有记载，到了近代，中外有关竹子开花的记载也逐渐增多。大面积的竹林开花会造成重大的损失：在1984年夏，中国四川卧龙自然保护区内的箭竹大量开花后导致大片竹林的枯死，酿成了珍稀动物大熊猫因缺食而死亡的惨剧。

我们需要保护环境，采取相关措施来尽量避免竹子开花现象的发生，因为竹子开花大多是因为生长环境的恶劣所引起的，所以，为竹子创造适宜的生长环境是十分必要和可行的。

25. 见血封喉的植物：夹竹桃、毒芹、箭毒木

你们知道吗

有毒的植物——曼陀罗

妈妈，你知道吗，有些植物含有毒素是出于自身的保护？我们平常养的一些漂亮的花卉，有哪些是有毒的呢？

爸爸，你知道吗，植物的自我保护不只是让自己身上有毒，那么，植物其他的自我保护方式都有哪些呢？"见血封喉"被人们普遍认为是世界上最毒的树木，那它令人恐惧的名字是怎么来的呢？

爸爸妈妈，这些问题你们都知道吗？

植物如是说

我们在前文已经提到过植物是有感觉和意识的，那当它遇到伤害时可以反击吗？还是只能任凭敌人侵害和蚕食却没有丝毫的抵抗能力？其实它们不仅有感觉和意识甚至感情，而且有些植物还有着令人不可思议的自卫本领。

尸臭魔芋

在日常生活中，只要我们细心观察，就会发现有些植物会用这样或那样的方法来进行自我保护，以减少外界的侵害。例如，有些植物利用自身产生的有毒物质来抵御外敌；有些植物能自动模仿并装扮成类似某些动物身上的尖牙和倒刺来吓唬敌人；还有些植物能够发出恶臭来使敌人感到厌恶。

毒芹

在这些植物自我保护的方法中，尤其以利用自身产生有毒物质的植物最为常见和拥有威力。如夹竹桃，整棵植物都有极高的毒性，其毒性在枯干后依然存在，焚烧夹竹桃所产生的烟雾也有较高的毒性，所以，千万不要在鱼塘和牧场边栽种夹竹桃。毒芹形态似芹菜，全棵都有毒，尤其在晚秋和早春期间毒性最大，误食后会感到恶心、呕吐、手脚发冷、四肢麻痹等，严重的可造成死亡，最好不要轻易接近。龙舌兰中含有植物类固醇，这种物质可以使动物的红细胞破裂，所以，误食龙舌兰就等同于吃了毒药。

真实的例证

20世纪80年代，美国东部地区的一片大橡树林遭遇了一场前所未有的虫灾，一种叫舞毒蛾的森林害虫大肆地蔓延开来，在很短的时间里，就把近1000万英亩的橡树叶子啃得精光，惨不忍睹，橡树遭受到了灾难性的侵害。但是，仅仅时隔不到一年，奇迹就发

橡树

生了：当地肆虐的舞毒蛾却突然销声匿迹，难道是它们吃饱之后玩起了捉迷藏的游戏，还是集体迁移到了有更多美味的橡树可以吃的地方？这片橡树林又恢

复了原来的生机，叶子长得郁郁葱葱，非常茂盛，呈现出一派喜人的景象。

这到底是怎么一回事呢，为什么原来异常肆虐的舞毒蛾却突然消失了呢？经过森林学家多次细心的调查和试验，终于发现了这个奥秘。原来，在橡树遭受舞毒蛾啃食之前，橡树的叶子里含有一种叫单宁酸的化学物质，当橡树遭到咬食之后，它们叶子里的单宁酸会大量增加。单宁酸会跟害虫胃里的蛋白质结合起来，说白了就是产生了化学反应，形成了一种新的化学物质，这种物质又难以被害虫消化。所以，吃了大量含单宁酸叶子的害虫会感到非常不舒服，并且会变得呆滞起来，行动也会变得迟缓，结果就是，不是死掉了就是被鸟吃掉了。

植物的故事

要说这个世界上被人们普遍认为最毒的树木，那就要数"见血封喉"了，名字一听起来就会令人从内心萌生阵阵恐惧，我们应该把它带有剧毒的现象看作是一种自我保护最为恰当。

见血封喉，又名箭毒木，是一种常绿大乔木，在我国，主要分布在海南、云南、广西、广东地区。见血封喉种群数量稀少，其乳白色汁液有剧毒，一经接触人畜伤口，即可使中毒者心脏麻痹，血管封闭，血液凝固，以致最后窒息死亡。

见血封喉名称的由来：

在美洲古代印第安人生活的地方生长着一种很毒的植物，叫箭毒木，当地人就经常把从这种树的树干上割下的树脂涂在箭头上用来捕杀猎物。19世纪中叶，他们的家园遭到英国殖民者的入侵，印第安人便用这种涂了树脂的弓箭来奋起抵抗。当时，印第安人部落的女人和孩子在战场后方，将见血封喉的乳白色汁液涂在箭头上，然后再大批地运到前方，供印第安部落的战士们在战场上杀敌。起先，因为英军自以为装备精良，所以，他们有些不以为然，后来看到被这种弓箭射中后会立即中毒身亡，这才使得英军感到惊恐万分，再也不敢随意侵犯。从此，这种树就被贴上了"见血封喉"的骇人标签。

科学观察

由于现代社会的快节奏，人们越来越意识到需要贴近自然的重要性，在家居观念中更是显露无疑，越来越多的花卉进入了我们的生活。但是，有时人们就不会太注意这些美丽中存在的陷阱，也可能并不知道哪些家庭种植的花卉是对人体有害的。所以，特别列出几种常见并被普遍确认的有毒花卉，提醒那些喜欢种植花草的人们，种植时一定要注意自身安全。

万年青

万年青：它的枝叶有刺激性，因为花叶内含有草酸和天门冬素，误食后会引起口腔、咽喉、食道、胃肠肿痛，甚至伤害音带，严重的会使人致哑，其枝叶中的液体还可使皮肤奇痒难忍，所以，在栽培和修剪过程中要特别小心。

水仙花：它的鳞茎内含有拉可丁毒素，误食后会引起肠

水仙花　　　　郁金香

炎、呕吐或者腹泻，其花、叶、汁能使皮肤红肿，尤其要当心不要把它的汁液溅到眼睛里。

郁金香：它的花朵中含有毒碱，可以致人头昏、头痛，所以，建议你近距离观赏它的时间不要超过两个小时。

一品红

一品红：全株有毒，它的黄白色汁液有刺激性，能够使皮肤红肿，引起过敏反应，误食其茎、叶有中毒死亡的危险。

虞美人：全株有毒，它含有毒生物碱，尤其是果实的毒性最大，误食后会抑制你的中枢神经系统，严重的可以致命。

飞燕草：全株有毒，它含有萜生物碱，误食后会引起神经系统中毒，严重的会发生痉挛，导致呼吸衰竭而死。

杜鹃花：又叫做映山红，黄色杜鹃花中含有毒素，中毒后会引起呕吐、呼吸困难、四肢麻木等症状。

夜来香：在夜间停止光合作用时会排出大量的废气，对我们的健康极为不利。所以，晚上不要在夜来香花丛前驻留，在居室里种植时，要注意通风换气。

虞美人

飞燕草

杜鹃花

26. 会胎生的植物：红树

你们知道吗

妈妈，你知道吗，动物的性别是相对稳定的，但植物的性别却是不稳定的，而且较为复杂，这是为什么呢？动物变性需要通过手术完成，但植物却可以根据环境改变自己的性别，而且不止一次呢，这让你感到惊奇吗？

爸爸，你知道吗，我们人类是胎生的并不奇怪，但能够胎生的植物你见过吗？植物既然是分性别的，那么，我们可以通过什么简单而有效的实验来准确地辨别呢？

爸爸妈妈，这些问题你们都知道吗？

植物如是说

植物的性别不像多数动物那样在胚胎时期就已经决定，而是在植物生长、

雌雄同花

分化和发育成熟后的某个阶段被确定下来。植物的性别是相对不稳定的，它虽然主要受遗传因子的影响，但在外界环境条件，如温度、光照、湿度等因素以及药剂处理的影响下容易发生改变。

在外界环境的影响下，充足的氮、较低的气温、较高的土壤温度等因素有利于植物的雌性分化，而高温、红光等因素则有利于植物的雄性分化。

通常，开的花是雌雄同花的植物是没有性别的，它们开的一朵花上会既有雌蕊也有雄蕊。而有性别的植物分为两种情况：一种是植物既开雄花（只有雄蕊）又开

雌花（只开雌蕊）；另一种是植物只开雄花或只开雌花。无性别的植物开两性花（一朵花里既有雌蕊又有雄蕊）的现象是最为常见的，因此，无性别植物也通常被称为双性别植物。

真实的例证

外界环境可以影响植物性别的最终确定还不算什么，在植物中还存在着有趣的性别转换现象呢。

植物世界里的天南星属植物就是比较著名的可变性植物，它们通常有雄株、雌株和两性株三种类型。在开花的第一年，天南星的植株往往长得比较矮小而且只开雄花，扮演着"父亲"的角色；过两年之后，它就会摇身一变，做起"母亲"——全开雌花；但有的时候，它既不能变为雌株又不"甘心"变为雄株时就会暂时变为中性。这种现象是因为在资源匮乏和条件较为恶劣的情况下，天南星就会长成雄株，雄株对投入资源的要求较少，所以，在这样的情况下长成雄株最为合理；而在资源充足和环境条件适宜时，它就会长成雌株，但需要消耗大量资源，不过会有较高的收益。由此可以看出，天南星能够根据自身资源的多少和环境的优劣来权衡和选择自己的性别。

番木瓜

经过科学研究发现和证实，天南星这种植物能够在一生中变性好几次。

番木瓜也是一种可以改变性别的植物，但引起番木瓜花性改变的原因主要是温度。我们在这里让大家了解即可，就不再深入地解释了。

植物的故事

植物所谓的胎生和动物的胎生肯定是有很大区别的，这里主要指的是植物的"胎生"现象。

在地球上，有一部分植物的种子在成熟后暂时不会离开母体，而且还在不停地吸收着母体的营养，它们的奇特之处在于种子萌发成小植株之后才离开母体，开始独立生存。

红树就是一种典型的具有"胎生"现象的植物。它是一种小乔木，主要生

木榄

活在热带和亚热带沿海的海滩上。科学家经过观察，将红树林的胎生现象分为了显胎生和隐胎生两种情况。显胎生是指种子萌发会形成样子如同长长"水笔"样的胎生苗。红树是为了在海上更好地繁衍生息，避免海浪将种子冲走，才想出了靠种子胎生的妙招。

红树林中属于显胎生的植物主要集中在红树科，例如，海莲、木榄、角果木、红树、红海榄、秋茄等，都会在果实上长有长长的胎生苗，形成奇特的景观。

科学观察

上文提到，植物的性别状况要比动物复杂得多，因为植物除了有雌雄同花和雌雄异花之外还有混生的现象。

植物性别的辨别有简单有效的科学方法，可以通过实验来准确地辨别：

第一步，先用蒸馏水把甲烯蓝稀释成0.04%的甲烯蓝溶液；

第二步，把植物幼株的茎或枝的顶端放在甲烯蓝的蓝色溶液里；

第三步，观察现象，如果甲烯蓝溶液的蓝色逐渐消退，就证明这株植物是雌性的。反之，蓝色并不消退的就证明这株植物是雄性的。

其原理是根据化学上的氧化还原能力的不同来区分的。由于雄性植物的呼吸强度比较高，导致它植株内的酸性较强，所以，它可以把无色的甲烯蓝溶液氧化成为蓝色，甲烯蓝溶液的蓝色不消退也就证明它是雄性的，而雌性植物的呼吸强度较低，酸性并不高，还原能力比较强，所以，它能把蓝色的甲烯蓝溶液通过还原变成无色，进而证明它是雌性的。

27. 会"脱皮"的白千层、梧桐树、软木

你们知道吗

葡萄酒瓶塞

妈妈，你知道吗，我们缺少维生素C，手上就会出现脱皮的现象，但你知道吗，有些树木也会脱皮的，那它们脱皮也是因为缺少维生素C吗？我们可能知道，法国梧桐是可以"脱皮"的，那你知道它脱皮

的具体原因是什么呢？

爸爸，你知道吗，我们喝的葡萄酒的瓶塞一般都是用会脱皮的软木做的，那你知道从什么时候开始，软木塞才和葡萄酒真正联系在一起的吗？有人知道梧桐树是原产于我国的，那么，它和法国来的梧桐树有什么区别呢？它们两个之间到底有没有亲缘关系呢？

爸爸妈妈，这些问题你们都知道吗？

植物如是说

俗话说"人要脸，树要皮"，哪儿有自己脱皮的树，那不是自寻死路吗？你还别说，还真有脱皮之后死不了的树，下面就为你介绍一下会脱皮的白千层、软木和法国梧桐。

白千层别名玉树、脱皮树、玉蝴蝶，喜温暖潮湿环境和阳光，适应性强，是一种原产于澳大利亚的常绿乔木。它的树皮是灰白色的，可以薄片状的层层剥落，却威胁不到它的生存。

在葡萄牙有一种叫做软木的树，通过当地的气候，可以看出软木喜欢温暖潮湿的环境，这种树又被叫做"栓皮栋"。它不怕剥皮，你把它成块的树皮剥光之后就可以看到它橙黄色的内层，等八九年之后就又可以剥皮了。

软木

软木这种木材有一个特点，就是要在露天经过半年的风吹日晒，再加以蒸煮存放一段时间后才可以加工成各种手工制品或艺术品。它的最大用途是做大大小小、各式各样的瓶塞，据说用软木塞封存的酒可以藏在地窖里上百年都保持香醇。软木良好的弹性、绝缘性和防腐蚀性，让它在很多方面都有广泛用途。

法国梧桐是一种主要生长于中亚热带地区的落叶乔木，喜温暖湿润和光照充足的环境，适应性较强，是世界著名的行道树。法国梧桐也是一种可以"脱皮"的树木，它们的脱皮现象是对环境适应的一种自然表现。

真实的例证

经过植物学家的研究发现，法国梧桐脱皮的原因是在树木的表皮之间有一层分裂能力很强的细胞，它们能向内外分裂出许多新细胞，使树木不断地增粗

法国梧桐

扩大。这样经过一段时间后，树木表面的老细胞会逐渐衰老、干枯、死亡，最后脱离树干，形成了将要掉下的树皮。

造成树木脱皮的原因有很多，分为内部原因和外部原因。如环境污染、气候变化、病虫危害等。但法国梧桐树脱皮是自然生长的结果，属于正常的新陈代谢现象，经过多次的脱皮之后，它们的树干就会变得粗壮起来。

植物的故事

软木塞和葡萄酒联系起来已经经过了好几百年的时间了，在公元前5世纪的时候，希腊人和罗马人开始使用橡木作为葡萄酒的瓶塞，并且用火漆封口。但当时软木塞还没有成为主流，那时最常见的用来作为葡萄酒壶和酒罐的瓶塞是用火漆或者石膏，并在葡萄酒表层滴上橄榄油来隔绝氧气。在中世纪时，软木塞就被完全地舍弃了。从当时的油画可以看出，葡萄酒壶或酒瓶的封口都是用缠扭布或皮革来塞上并滴上石蜡来密封保严的。

直到17世纪中叶，人们才将软木塞和葡萄酒瓶真正地联系在一起。当时，作为另一个选择，玻璃瓶塞也出现了，而且这种瓶塞流行和使用了很长时间，直到1825年才因为使用不方便而被淘汰。软木塞流行开来，但有一个疑问，就是必须要找到一种能很容易把软木塞取出来的工具。其实在1681年，就有人提到了类似的开瓶器具，这种器具一开始被称为瓶子钻，直到17世纪初才被正式称为开瓶器。

软木塞的制作需要经过多道工序：

被剥下来的软木需要被堆叠起来进行长达3个月的风化。之后被运到工厂进行加工，这些软木会被放入沸水中浸泡大约90分钟，一是为了消毒，二是为了让其弯曲的形状变平整。这道工序过后，软木还需要放置3～4周。接着这些软木会被一条条地摆放整齐，然后按照瓶子的大小和需要的形状在上面打出一个个木塞。之后，还需要打磨软木塞，使所有的木塞都有一致的大小和形状。做好的软木塞会按质量分等级，然后再在木塞的表面喷或涂上硅树脂、石蜡或树脂，提高密封度。最后，进行包装发货就行了。

白杨树

梧桐是产于中国的一种落叶乔木，比较喜光和深厚湿润的土壤，是一种优美的观赏植物，也可以和法国梧桐一样作为行道树进行种植，但它和法国梧桐并没有亲缘关系。

梧桐树很像白杨树，高大魁梧，树干无节，向上直升，叶片呈手掌形状，树干一般不粗。夏天，树皮平滑翠绿，树叶浓密，从干到枝，一片葱郁。秋天，叶子会变成淡黄色，果实是球状的实心果，可以生吃。梧桐树的木质紧密，纹理细腻，可制作家具。树皮纤维可造纸和制作绳索。种子可以食用，还可以用来榨油。

但法国梧桐的树干粗大，叶片也是手掌形状，但要大得多。叶子在秋天会变成褐黄色，果实非常小，不能吃。树冠很大且因叶子很大，所以，适合做行道树。

法国梧桐真实的名字应该叫做悬铃木，只是因为这种树的叶子像梧桐，才被误以为是梧桐树，而且"法国梧桐"也不是产自法国。原因是法国人曾经把它带到上海栽植，人们以后就叫它"法国梧桐"了，人云亦云，就把它当作梧桐树了。其实这种叫法一直是错误的，只不过是人们形成的一种习惯叫法。

28. 爱流眼泪的家伙：橡胶树、松树、胡杨

妈妈，世界上有许多会流眼泪的树木，你知道的有哪几种呢？松树流出来的眼泪被叫做松脂，那你知道松脂对松树本身有什么作用，它又对我们人类有什么重要的利用价值呢？

橡胶树

爸爸，你知道吗，其他树木在被砍掉之后，还能从底部长出新枝，但松树被砍掉之后却再也活不过来了，连根部都会逐渐死掉，关于原因，还有一个生动的传说故事呢。橡胶树被印第安人称作"流泪的树"，从它身上割取的天然橡胶可是一件宝贝，用途很广，但却是有毒的。

爸爸妈妈，这些问题你们都知道吗？

植物如是说

橡胶树是一种原产于巴西亚马逊河流域的落叶乔木，喜高温、高湿，不耐寒，有乳状汁液，人们习惯上将这些汁液称为"橡胶树的眼泪"。制作橡胶的主要原料是天然橡胶，天然橡胶就是由橡胶树上割下并经过凝固和干燥后制得的。适于土层深厚、肥沃而湿润而且排水良好的酸性砂壤土中生长。

松树里的绝大多数是常绿的高大乔木，对陆生环境适应性极强，每当天气炎热或受到创伤时，就会流出黏糊糊的"眼泪"。

胡杨树

胡杨是我国的特产，在新疆，很多人称胡杨是"会流泪的树"，但没有人能够说得清楚胡杨为什么会流泪。其实，胡杨本来并不是生长在荒漠中的，为了生存和繁衍，它们不得不在恶劣的环境下伴水而生。确实，胡杨为了生存，可以在主干内存储大量的水，只要从胡杨上钻一个小眼，就可以流出一些水，因此，许多沙漠旅行者把胡杨看做救命恩人。

真实的例证

松树干上分泌出的那一团半透明、软乎乎的粘液，还有一股气味的东西就是松脂。每当松树受到损伤时，那些储存在体内的松脂就会从管道里迅速到达伤口处，把伤口封闭，不许有害物质侵犯进来，所以，松脂是用来保护松树的。松脂的存在还使得松树具备了很强的耐腐蚀性，成为了人们喜欢的建筑材料，许多琥珀的制作也都离不开松脂。

松节油

人们从松脂中提炼出有用的物质，一个是松香，一个是松节油。在演奏二胡的时候用松香块抹抹弦子，既能保护乐器又使声音润泽；松节油可以帮助血脉疏通，一般的好油墨和油漆里都掺有松节油。

植物的故事

有的树截段枝条就能插活；有的树在伐倒后的树墩旁又能萌发出新枝来，唯有松树一枯死或砍伐后，就不能再生新枝了。说起松树的这种现象，还有一段生动的传奇故事。

很久以前的一天，一个从远方来的道士来到一个叫做龙马山的地方。他已经走得非常累了，看见路边树林中有一棵刚刚伐倒的松树墩子，就顾不上多想，往上面一坐，休息起来。不时吹来的丝丝凉风让那位道士感到休息得差不多了，应该起身上路了。谁知道他刚一起身，就发现道袍紧紧地粘在树墩上了。那位道士费了好大的劲才把道袍扯下来，道袍上沾满了黏黏糊糊的东西。他望着被松树墩弄脏的道袍，一股怒气由心而生，不禁狠狠地咒道："死了松树绝了根，绝根松树没法生。"咒完就拂袖而去了。

谁知道经过道士的这一诅咒，以后松树真的一死就烂根，即使只砍去半截，下面那半截也会枯死，而且树墩旁也不再萌发新枝。不到半年的时间，龙马山上的松树就变得越来越少，住在附近的人们连烧柴都困难。龙马山的老百姓们焦急万分，天天守在通往龙马山的大路旁，要等那位道士回来。他们虔诚地等了九九八十一天，结果那道士果然又来了。乡亲们很是激动，跪着拦住那位道士哀求道："神通广大的道士，救救青山吧，千万别让松树绝了种啊！"

那位道士被乡亲们的诚心感动了，但他为难地说："我是满口金牙，说出的话是收不回了，你们说怎么办？"

松果

乡亲们苦苦求道："那只有请你再说一句能救活松树的话了。"

道士点点头答应了。这时恰好一阵风吹来，道士看到一棵松树上挂着的松果裂开了，松籽随风飘落下来，就顺口吟道："死了松树绝了根，风吹松籽别处生。"从此以后，松籽落在地上，就能长出松苗了。这样，松树才没有绝种。

从橡胶树上割取的天然橡胶具有很强的弹性和良好的绝缘性，可塑性也很强，而且隔水、抗拉和耐磨，所以，被广泛地运用于工业、国防、交通、医药卫生等领域，用途极广。橡胶树的种子榨出的油是制造油漆和肥皂的原料。木材质轻、花纹美观，加工性能好，经化学处理后可以制作高级家具、纤维板、粘合板、纸浆等。

橡胶树是我国植物图谱数据库中收录的有毒植物，其种子和树叶有毒，误食几粒种子就可以引起中毒，症状表现为恶心、呕吐、头晕和四肢无力，严重时会出现抽搐、昏迷和休克。所以，和橡胶树接触时一定要注意自身安全。

29. 我们是"食物"：面包树、猴面包树

你们知道吗

面包树

妈妈，你知道吗，世界上真的存在"面包树"哦，因为它们结出的果实可以食用，而且还非常美味，你想了解它们吗？世界上还有一种叫做"猴面包树"的植物，因为猴子们非常喜欢吃它们结出的果实，既然面包树和猴面包树都可以食用，那你觉得它们的区别有多大呢？

爸爸，你知道吗，猴面包树是一种产自热带草原上的植物，关于它还有一个美丽的传说呢。面包树的果实富含淀粉，可以用来烤食，这些"面包"在饥荒时期还救过不少人的命呢。

爸爸妈妈，这些问题你们都知道吗？

植物如是说

面包树又称罗蜜树、马槟榔、面磅树，是一种原产于马来半岛以及波利尼西亚的常绿乔木，树干粗壮，枝叶茂盛，叶大而美。面包树的果实是由一个花序形成的聚花果，果肉充实，味道香甜，营养很丰富，风味类似

罗蜜树

面包，因此得名面包树。更准确地说，面包树是一种木本粮食植物，可以供观赏，也适合作为行道树和庭园树木栽植。

猴面包树生长在非洲，是一种形状奇特的大树。树干粗壮，落叶后的细枝像一根根手指一样要紧紧抓住天空。在非洲，这种树被叫做波巴布树，它的树干很大，但长得并不高，是名副其实的"大胖子树"。由于它的果实鲜美，是猴子等动物喜欢吃的食物，所以又叫作"猴面包树"。

真实的例证

面包树与猴面包树是完全不同的：

面包树可以长到40多米，而猴面包树最高能长到20多米；面包树的果实不如猴面包树的果实大，猴面包树的果实巨大如足球，是猴子、猩猩、大象等动物最喜欢的美味。大象不仅吃猴面包树的果实，甚至连它的枝叶和树干都吃，所以，在某种程度上来说，大象成了猴面包树的天敌；面包树是一种常绿乔木，而猴面包树是一种木棉科的植物。

猴面包树

因为猴面包树的树干异常粗大、贮水很多而被列入了多肉植物。而且猴面包树的木质非常轻软，完全没有木材的利用价值。有趣的是，当地居民常把猴面包树树干的中间掏空，搬进去居住或作为储藏室。令人感到神奇的是，在猴面包树洞里贮存的食物可以放置很长时间而不腐烂变质。

猴面包树还是植物界的老寿星之一，世界上最古老的猴面包树大概有6000年的历史了。

植物的故事

在西方关于猴面包树的传说中提到，猴面包树在很久以前是长在天上的，只有天神才可以观赏它，并食用它的果实。

一天，一位叫做Thora的神，将他花园中的一棵猴面包树连根拔起，丢出了天堂门外，掉到了地球。但掉落到地球上的猴面包树是头朝下的，即使这样，它也能神奇般地生长和繁衍着。从此，人们见到的猴面包树的长相就非常奇特，枝叉千奇百怪酷似树根，好像一棵棵生命顽强的"倒栽树"。

对此还有一个相关的古老传说。

传说当波巴布树在非洲"安家落户"时，并没有听从"上帝"的安排，而是自己任性地选择了热带草原，所以，就激怒了"上帝"。上帝气得把它连根拔了起来，然后倒栽在地上，但没有要它的性命。从此，波巴布树就倒立着在地上生长，变成了一种造型奇特的"倒栽树"。至今，它仍然是非洲的热带草原上的一道独特风景，引来世界各地的旅游爱好者，不远万里赶去一饱眼福。

科学观察

面包树是比较容易成活的一种高产树木，一棵面包树一年可结约200颗果实，既是许多热带地区的主食，也是解决饥荒的有力功臣。据记载，18世纪时，在英国殖民主义者的殖民地西印度群岛，当地的黑人受到很大的压迫，生活窘迫，由于当地单一地种甘蔗，粮食作物较少。所以，人们时常吃不上饭，闹过大饥荒，死了不少人。控制当地的英国殖民者们不得不采取措施改善那里的粮食状况，于是他们从别处采集了许多面包树苗，运回来种植，时间不长就成功地改善了这里的粮食状况。

猴面包树和其他植物一样，通过进化，有许多的特别之处。由于身躯庞大，它们为了减少自身水分的蒸发，就把枝头变得光秃秃的，等到雨季来临，它们就利用自己粗大的身躯拼命地储水。经过研究发现，一株成年的猴面包树大概能储存几千公斤甚至更多的水，是名副其实的"荒原贮水塔"。它们还浑身是宝，鲜叶可以当蔬菜食用；树皮有退热作用，也是制作绳索、渔网等的材料；树叶和果实的浆液至今还是民间常用的消炎药物。

30. 童话里的"巧克力树"——可可树

你们知道吗

妈妈，你知道吗，浓香的巧克力是许多人的最爱，还有些人懂得怎样自制巧克力，那你知道制作巧克力的主要原料是什么呢？这种原料又是长在什么植物上的呢？有关这种植物的种植历史，你又了解多少呢？

爸爸，你知道吗，人们一开始发明的巧克力是相当

巧克力

难吃的，而且还不是固体的，关于它的发展还有一个真实的典故呢。巧克力美味，但需要大家适当地食用，它对于肥胖或想减肥的人们来说，简直是一块儿"绊脚石"，也不是所有人都适合食用。

爸爸妈妈，这些问题你们都知道吗？

植物如是说

可可树是原产于美洲中部和南部的梧桐科乔木，是一种常绿的热带地区的典型果树，可观赏，喜欢高温、高湿、土壤肥沃的环境，在我国海南和云南南部有栽培。一般情况下，25年是一棵可可树经济价值的终点，之后就需要重新种植年轻的可可树来取代它。

可可树的果实——可可豆，是世界著名的饮料原料，也是制巧克力的重要原料。可可豆中50%～60%的成分是可可脂、可可碱和咖啡因，经发酵、研磨、晒干等多道工序之后就可以制造出可可粉，可可粉是制作巧克力的主要原料。

可可豆

早在哥伦布发现美洲之前，热带中美洲居民，尤其是玛雅人及阿兹特克人，已经知道可可豆的用途。他们不但将可可豆做成饮料，更用它作交易媒介。16世纪，可可豆传入欧洲，精制成可可粉和巧克力；还提炼出可可脂。可可树遍布热带潮湿的低地，常见于高树的树荫处。树干坚实，高可达12米，叶椭圆形，革质，长至30厘米，枝叶伸展如伞盖。花粉红色，小而有臭味，直接生在枝干上。果实叫可可果，长可达35厘米，直径12厘米，呈卵形，表面有10条脊，黄棕色到紫色。可可果内含种子（即可可豆）20～40粒。豆长约2.5厘米，包于粉红色有粘性的果肉中。可可树栽培4年后，每年每株产果60～70枚。采收后，将可可豆取出，发酵若干天，再经过干燥、除尘、烘焙等一系列加工，研磨后成为浆状，称为巧克力浆。将巧克力浆再压榨后，可制成可可脂和可可粉，或另加可可脂及其他配料，制成各种巧克力。

真实的例证

大约在3000年以前，充满智慧的玛雅人就已经开始培植可可树了，当时他们称可可树为cacau。他们当时喜欢喝一种将可可豆烘干碾碎，加水和辣椒，混合成的苦味饮料，并且记录下了这种饮料可以产生兴奋作用。不过很可惜，璀璨的玛雅文明没有能够延续下去。

16世纪，哥伦布的船队曾经发现并描述了这种植物和饮料，但当时并没有引起他们的兴趣。到了16世纪中叶，一个玛雅贵族代表团拜访了西班牙当时的腓力王子，他们随身携带着自己喝并添加了香草或其他香料的可可饮料，这种饮料立即引起了西班牙人的兴趣，从此西班牙人也开始喝这种饮料，并加入糖和其他配料。

1585年，第一艘运载可可豆的船队到达了西班牙，意味着在当时的欧洲已经出现了对可可的消费需要。1657年，一位法国人在伦敦开了第一家出售巧克力的商店，价格较贵，但10多年之后，人们才发明了制造固体巧克力的方法。18世纪以后，巧克力的价格才开始出现下降，巧克力从此渐渐普及到平常人家庭。

植物的故事

历史上最早出现的巧克力是起源于墨西哥地区，当时的古印第安人制作一种含可可的食物，味道苦而辣。

1519年，一个西班牙的探险队进入了墨西哥腹地，由于路途艰险，队员们又走了很长一段路，体力匮乏，个个都累得筋疲力尽，坐在地上就不想动弹。正在这时，几位友善的印第安人见到了他们，只见印第安人立刻打开行囊，从中取出几粒可可豆碾成粉末，然后加水煮沸，再放入树汁和胡椒粉，顿时空中弥漫出一股浓郁的芳香。

几位印第安人把熬好的"饮料"端给那些登山队员，据那些登山队员们描述，这种黑乎乎的饮料非常难喝，又苦又辣。但是，最后还是考虑到要尊重印第安人的礼节，都屏息勉强地喝了两口之后，赶紧道别，继续探险之旅。

有关固体巧克力的发明还有一段历程：

第一代巧克力的发明者是一位叫拉思科的西班牙人，他突发奇想，想把"可可热饮"做成可直接食用的固体食品。他最后采用浓缩、烘干的办法，成功地生产出了固体状的可可饮料，并起名"巧克力特"，这就是第一代巧克力。

奶油巧克力饮品

西班牙人对拉思科的巧克力特配方十分保密，包括可可饮料的配方。直到200年之后的17世纪中叶，一位英国商人才成功地获得了巧克力特配方，将巧克力特引进到了英国。英国人在制作巧克力特的原料里增添了牛奶和奶酪，于是，"奶油巧克力"，也就是第二代巧克力诞生了。

没错，我们现在吃的巧克力是第三代巧克力，它是经过脱脂技术处理之后生产出来的，爽滑细腻，口感极佳，是很多人的最爱。

科学观察

巧克力作为一种高热量食品，脂肪含量较高，一般人群均可适量食用。但是，由于它营养成分的比例不适合儿童生长发育的需要，影响儿童的身体健康，所以，儿童不宜食用，尤其是8岁以下的儿童。

饭前过量吃巧克力会让你产生饱腹感，进而影响食欲，容易打乱你正常的生活规律和饮食习惯，糖尿病患者应少吃或不吃含糖的巧克力；有心绞痛的病人要忌食巧克力；产妇在产后不宜过多食用巧克力，以免对婴儿的发育产生不良的影响。

喜欢养狗狗的朋友们注意了，对于狗狗而言，巧克力是一种毒药，准确地说是巧克力中的可可碱。不同种类的巧克力中的可可碱的含量不同：同样是杀死一只9公斤重的狗，牛奶巧克力需要570克，但黑巧克力只需要57克就够了。所以，提醒哪些喜欢养狗的朋友们，千万不要让你的狗狗恋上巧克力哦。

31. 濒临灭绝植物知多少：银杉、银杏、银缕梅

你们知道吗

妈妈，你知道吗，地球上每天就会有一到两种植物在地球上消失，我国的动植物种类丰富，但有很多也都濒临灭绝，那你知道植物界的"国宝"是哪几种植物吗？在植物界中，"银"字可能会比"金"字贵，这是为什么呢？

爸爸，你知道吗，珙桐是我国的一级重点保护植物，那你知道关于它的名字由来的故事吗？我们天天见到各种植物，说不定哪一种就是国家的一级重点保护植物哦，那你知道多少国

珙桐

家一级重点保护植物呢，它们是不是都是"树"呢？

爸爸妈妈，这些问题你们都知道吗？

植物如是说

银杉

银杉、水杉和银杏一起被誉为植物界的"国宝"，都属于国家的一级重点保护植物。

银杉是中国特有的世界珍稀物种，是300万年前的冰川时代残留至今的珍稀植物。它是在我国发现的世界唯一且目前只在我国分布的一个物种。而且银杉形态结构独特，研究价值极高，被植物学家称为"植物熊猫"。

水杉也是中国特产的子遗珍贵树种，属于杉科水杉属的唯一现存种，有植物王国的"活化石"之称，是在1943年被我国植物学家发现但在1946年才被证实和确认的。它对于古植物、古气候、古地理和地质学以及裸子植物系统发育，都有非常重要的研究价值和研究意义。

银杏树又称作白果树，是现存种子植物中最古老的子遗植物，最早出现于3.45亿年前，现在和它同纲的所有其他植物都已经灭绝。因此，它也被当作植物界中的"活化石"。世界上最粗大的银杏树就在我国的贵州福泉，有大约5000多年的树龄，需要13个人才能围抱得过来，已被载入吉尼斯世界纪录。

真实的例证

银缕梅

在1992年，我国植物学家发布了一则轰动全球植物界的发现：金缕梅科新属新种银缕梅。那为什么会轰动全球呢？原因就是银缕梅是仅存我国的被子植物中最古老的物种之一，是在6700万年前的石灰岩山地里保存下来的，属于植物界的活化石物种。我们都知道，6500万年前，地球经历了一场浩劫，那也正是恐龙们遭遇灭顶之灾的时间，6700万年前的植物能够繁衍幸存至今又是多么艰难的一件事情！

银缕梅的发现和命名历经了一个非常曲折的过程：

在1935年9月，南京中山植物园的一位植物学家在某处石灰岩山地采集植物标本时发现了银缕梅，看似金缕梅却又不同，他本来想采集之后进行鉴定，后因为抗日、解放战争的爆发而中断了研究，这份珍贵的标本就被尘封在了实验室里。直到1954年，中山植物研究所的一位教授清理标本时看到这份标本，认为其关系重大，因为这个金缕梅科的树种和日本的金缕梅相似但又不能确认。1960年，这份标本被误定为小金缕梅。1987年，科技人员在石灰岩山地中找到了它的实物标本，再经过一段时间的观察和研究才确认它不是金缕梅，是一个新属新

金缕梅

种。1992年，它被植物学家正式定名为金缕梅科弗吉特族银缕梅属的银缕梅，并向世界公布，属于国家一级重点保护植物，是金缕梅的"姐妹种"。

植物的故事

珙桐是我国独有的珍稀名贵观赏植物，也和水杉、银杏树一样有"植物活化石"之称，是国家一级濒危保护野生植物。关于它名字的由来，还有一个凄美的爱情故事呢。

很久以前，有位国王只有一位独生女儿，叫做"白鸽公主"。为此，国王对她宠爱有加，视为掌上明珠。这位公主十分爱好骑射打猎，但不爱金银珠宝，也不想嫁给王公贵族。一天，公主在森林里打猎时不慎被一条大蟒蛇死死地缠住，非常危急。正在这时，一个叫珙桐的英勇青年用刀斩断蟒蛇救了公主的性命。公主和珙桐一见钟情，随后公主从头上取下玉钗掰断作为信物，彼此各执一半。

公主回到宫中将事情的经过一五一十地告诉了父王，并恳请父王将自己许配给珙桐，却遭到了父王的极力反对。国王心狠手辣，连夜派人将珙桐射死在深山老林中。白鸽公主知道后悲痛欲绝，她在一个雷雨交加的晚上换上素装，来到珙桐遇难的地方大声痛哭。一直哭得眼睛中流出了血泪，染红了她洁白的衣服。不知过了多久，雷雨停了，公主的哭声也听不见了。再看珙桐遇难的地方，发现公主不见了，而且长出了一棵大树，大树上还挂满了许多形状宛如小白鸽的洁白花朵，让人不能不想起白鸽公主和青年珙桐凄美的爱情故事。所以，人们后来就把这种树称作珙桐，用来纪念这对忠贞不渝的恋人。

中华水韭

国家一级保护植物指的是中国的一级重点保护植物。

经过科学的观察和谨慎的选择并经国务院批准，我国目前的一级重点保护植物有如下几十种种类。

蕨类植物：光叶蕨、玉龙蕨、宽叶水韭、中华水韭、台湾水韭。

裸子植物：银杉、水杉、银杏、巨柏、长白松、水松、巧家五叶松、银缕梅、苏铁属、红豆杉属、百山祖冷杉、资源冷杉（大院冷杉）、元宝山冷杉、梵净山冷杉、云南穗花杉、台湾穗花杉。

金花茶

被子植物：金花茶、异形玉叶金花、珙桐、光叶珙桐、望天树、伯乐树、云南蓝果树、华盖木、膝柄木、掌叶木、天目铁木、合柱金莲木、落叶木莲、藤枣、革苞菊、萼翅藤、普陀鹅耳枥、貉藻、莼菜、长喙毛茛泽泻、东京龙脑香、狭叶坡垒、坡垒、多毛坡垒、华山新麦草、独叶草、报春苣苔、单座苣苔、辐花苣苔、瑶山苣苔、长蕊木兰、单性木兰、峨眉拟单性木兰。